新型农民现代农业技术与技能培训丛书

棉花农艺工培训教材

编著者
杨国正　丁自立　吴金平

金盾出版社

内 容 提 要

本书内容包括：棉花农艺工岗位职责与素质要求，棉花生产基础知识，棉花栽培技术，棉花收获与贮藏，棉花病虫草害防治，棉田种植制度，棉花主要试验技术。内容丰富全面，语言通俗易懂，技术可操作性强，既是棉花农艺工的实用培训教材，又是农业技术人员和农业院校师生实用的参考资料。

图书在版编目(CIP)数据

棉花农艺工培训教材/杨国正等编著 .—北京：金盾出版社，2008.3

(新型农民现代农业技术与技能培训丛书)

ISBN 978-7-5082-4952-0

Ⅰ.棉… Ⅱ.杨… Ⅲ.棉花-栽培-技术培训-教材 Ⅳ.S562

中国版本图书馆 CIP 数据核字(2008)第 001970 号

金盾出版社出版、总发行

北京太平路 5 号(地铁万寿路站往南)

邮政编码：100036 电话：68214039 83219215

传真：68276683 网址：www.jdcbs.cn

封面印刷：北京蓝迪彩色印务有限公司

正文印刷：北京金盾印刷厂

装订：北京蓝迪彩色印务有限公司

各地新华书店经销

开本：850×1168 1/32 印张：6 字数：146 千字

2008 年 3 月第 1 版第 1 次印刷

印数：1—10000 册 定价：10.00 元

序　言

中共中央国务院[2007]1号文件明确指出，加强“三农”工作，积极发展现代农业，扎实推进社会主义新农村建设，是全面落实科学发展观、构建社会主义和谐社会的必然要求，是加快社会主义现代化建设的重大任务。

我国农业人口众多，发展现代农业、建设社会主义新农村，是一项伟大而艰巨的综合工程，不仅需要深化农村综合改革、加快建立投入保障机制、加强农业基础建设、加大科技支撑力度、健全现代农业产业体系和农村市场体系，而且必须注重培养新型农民，造就建设现代农业的人才队伍。

胡锦涛总书记在党的十七大报告中进一步指出，要培育有文化、懂技术、会经营的新型农民，发挥亿万农民建设新农村的主体作用。

新型农民是一支数以亿计的现代农业劳动大军，这支队伍的建立和壮大，只靠学校培养是远远不够的，主要应通过对广大青壮年农民进行现代农业技术与技能的培训来实现。金盾出版社在对农业岗位培训进行广泛调研的基础上，与中国农业大学老科技工作者协会、华中农业大学老教授协会等单位共同策划，约请数百名农业专家、学者参加，组织编写了“新型农民现代农业技术与技能培训丛书”(以下简称“丛书”)。“丛书”坚持从现阶段我国青壮年农民的文化技术水平出发，突出现代农业技术与技能的传授，注重其先进性和实用性；“丛书”以教材形式编写，共有88个分册，涉及81个农业岗位，除水稻农艺工、蔬菜园艺工、蔬菜植保员、果树植保员分南方本和北方本外，其他均为一个岗位一本培训教材，以方便县(市)、乡(镇)、村组织新型农民培训和农业企业进行岗位培训时选用。“丛书”的组编和出版，还得到了河北农业大学、沈阳农业大学、西北农林科技大学、甘肃农业大学、北京农学院、山东畜牧兽医职业技术学院、大连民族学院、中国农业科学院茶叶研究所、中国农业科学院油料研究所、中国农业科学院郑州果树研究所、中国农业科学院特产研究所、中国农业科学院桑蚕研究所、中国养蜂学会、内蒙古自治区农牧科学院、甘肃省蔬菜研究所、山东省果树研究所、广西壮族自治区柑桔研究所、山西省畜牧兽医研究所等单位部分专家、教授的支持和参与，并列入劳动和社会保障部《全国职业培训与技能鉴定用书目录》，进行推荐，使我们深感欣慰，在此表示衷心感谢。我们希望和相信，通过“丛书”的出版发行，能为新型农民队伍的发展壮大贡献一份力量，也能为现代农业技术与技能培训积累一些可供借鉴的经验。

“丛书”编写时间有限，各分册存在不足或错漏在所难免，恳请同仁和各使用单位批评指正。

编委会

2008 年 1 月

前　言

应金盾出版社之约，编写了这本《棉花农艺工培训教材》，主要是面向广大棉农。

在本书编写过程中，结合自己有限的实践经验，收集、综合、选用了大量发表在各种出版媒体（包括书籍、杂志、报纸、网站等）上的实践性和操作性很强、面向农民生产实际、通俗易懂的文章。成稿之后，试图将所有参考过的文章的出处列出来，以表深深的感谢。但是，仍有可能有本书采用过的许多文章的信息未能一一标注出，这是笔者最大的遗憾，深感愧疚。在此，笔者再次向本书采用过的所有文章（无论是已标注的，还是未标注的）的作者、出版媒体表示最真诚的感谢和最崇高的敬意。

由于棉花生产具有很强的地域性，棉花管理措施不可能千篇一律。限于本书的读者对象，不可能将各地的栽培措施全部罗列出来，否则不但会增加篇幅、成本，而且事实上这也是做不到的。所以，本书中所述及的管理措施，尤其是部分数据（如农药使用浓度、肥料使用数量、病虫草害种类、棉花生长速度等）可能只适用于某一个棉花生产区域。因此，请广大棉农务必根据本地的实际情况，灵活掌握，适当调整，切不可生搬硬套，以免造成不必要的损失。

另外，本书编写时间较紧，笔者水平有限，书中肯定存在不少不足之处，甚至错误之处，这也是使笔者感到不安的地方。切望读者批评指正！

编著者

2007年底于武汉

目　录

第一章　棉花农艺工岗位职责与素质要求

一、棉花农艺工的概念

农艺，即农学、农艺学，是指探求农作物良种良法有机结合、相辅相成、互相促进，以及协调与环境之间关系的科学与技术。农艺工是指掌握了一定农艺学基础知识，具备了一定农艺学基本技能，直接从事农业生产操作管理的新型农民。农艺工可作为农艺师的助手，在农艺师的指导下完成一定的农事工作。农艺工是农艺师管理思路、技术要求的具体体现者和实现者。作为农艺工之一的棉花农艺工，是具体进行与棉花生产相关的各种管理工作的农民。

二、棉花农艺工岗位的重要性和必要性

棉花是我国重要的经济作物，是纺织工业重要的原料，是棉花产区农民的主要经济来源。我国棉花种植面积占全国农作物种植总面积的3%，但其产值却占到农作物总产值的10%。以棉花纤维为主要原料的纺织品和服装每年出口创汇1000亿美元，占全国全年商品出口创汇的1/5。因此，棉花生产直接关系到我国外向型经济的发展，直接关系到广大棉农的经济收入。

我国棉花生产涉及1亿农民和1900万纺织工人。近几年，由于纺织生产能力不断扩大，棉花供不应求的问题十分突出。2006年全国进口原棉364万吨，比2005年增长41.8%，占棉纺用棉的31%。由于进口数量剧增，棉花在全国大宗农产品中的贸易地位仅次于大豆。

由于棉花具有生长时间长、营养生长和生殖生长同时并进持续时间长、适应性强、可塑性大、补偿能力强等特点，加上棉花生长发育期间各种气象条件复杂多变，病虫草害种类多、数量多、危害重，所以棉花生产管理的工作量大、工序复杂、技术要求高、难度大。因此，要保证棉花生产又好又快的持续发展，棉花农艺工责任重大。

随着我国工业化进程的持续发展，更多的农业劳动力离开农村、脱离农业生产是必然的趋势。即将来临的农村劳动力短缺，将导致劳动力成本上升，棉花生产尤其需要相对较多的人力资源，所以棉花生产的现代化必须走轻型化、简洁化、规模化、机械化的发展道路，以提高劳动和土地生产效率、降低相对成本、提高单位资源的产出效率，满足人类对棉花纤维的需求。要实现这一目标，没有掌握基本农学知识、具有基本农学技能的棉花农艺工是不可能的。

三、棉花农艺工应掌握的基本知识

棉花生产基本知识，是指与棉花生产相关的基本的理论知识。这些理论知识有利于指导棉花生产实践，使棉农懂得不同棉花生产措施的缘由，懂得不同情况下必须采取不同管理措施的道理，懂得相同和相似栽培措施之间的贯通，也懂得某一栽培措施失误后应该采取的补救措施。也就是说，掌握了基本理论知识就可以不仅知其然，更可以知其所以然，从事棉花栽培管理就可以由必然王国过渡到自由王国，就可以变被动地执行某一项管理工作为主动地采取相应的管理措施。所以，掌握一定的基本理论知识是非常重要的。作为合格的棉花农艺工，应掌握的基本知识有如下几方面。

其一，棉花生产在国民经济中的地位，棉花生产现状，棉花分区，以及不同棉花生产地区的基本气候特点等。

其二，棉花生长发育基本规律，包括生长发育时期及其划分标准，各生育时期的特点，各器官的形成过程，以及棉花生长发育与外界环境条件的关系等。

其三，棉花蕾铃脱落规律，产量、品质构成，纤维品质现状，棉花养分、水分特性，以及棉花安全生产知识。

四、棉花农艺工应具备的基本技能

棉花生产的基本技能，是指棉花生产管理过程中，各项管理措施实施的时期、时间、方法、方式、标准、程度等技术操作能力。基本技能是一种操作能力，是一种管理实践，它体现管理者的实践经验，也反映出管理者对理论知识的理解能力和掌握程度。作为棉花农艺工，应该大体上具备下列基本操作技能。

一是正确选购棉花品种，正确区分棉花种子的优劣，以及正确鉴别其他各种棉花生产资料如地膜、农药、肥料、植物生长调节剂等质量的好坏。

二是棉花从种子处理、播种，到棉花收获拔秆全过程的管理技术。

三是棉田整地（包括耕地、耙地、中耕、培土、开沟、做畦等）、施肥（不同肥料种类、不同施肥时期、不同施肥方式等）、打药（不同防治对象、不同防治时间等）、整枝、打顶、收花。

四是棉花分级整理、贮藏等技术。

五是棉花相关检测、试验技术和方法。

我国对农民从事农业生产水平的提高非常重视，已经出台了从总体上指导现代农民（农艺工）提高基础理论知识、掌握基本操作技能的国家职业标准（表 1-1）。有志于为我国棉花生产作出贡献的广大棉花农艺工，可参照这一国家标准，不断丰富自己的基本理论知识，不断提高自己的基本操作技能，做一名合格的农艺工。

表 1-1 农艺工国家职业标准

项目		鉴定范围	鉴定内容	鉴定比重
初级农艺工				
知识要求	基本知识	植物与植物生理	①掌握单子叶与双子叶植物根、茎、叶、花、果的构造。②植物细胞构造及繁殖方式。③植物对水、肥的吸收及运输。④植物的光合作用。⑤植物的呼吸与农产品贮藏关系。⑥田间杂草与繁殖方式	15
		土壤肥料	①掌握土壤肥力、土壤组成、土壤酸碱性与作物生长关系。②了解高产田与低产田的土壤特征及一般培肥改良方法。③掌握几种常用化肥性质、使用方法。氮肥:氯化铵、碳酸氢铵、碳酸铵、硝酸铵、尿素;磷肥:过磷酸钙、钙镁磷肥、磷矿粉;钾肥:硫酸钾、氯化钾。④一般水土保持	5
		植物保护	①昆虫的基本知识。②病害的基本知识。③常用农药使用、安全及保存。④掌握主要农作物的主要病虫害及杂草的识别与防治的方式,鼠害的防治	5
	专业知识	掌握几种主要作物在国民经济中的地位	①掌握粮、棉、油生产在国民经济中的重要意义。②掌握作物的概念及作物的分类	4
		了解与掌握当地几种主要作物有关知识	①掌握当地几种主要作物的形态特征、各个生育时期的划分及对外界条件要求及产量构成。②栽培技术:掌握当地农时节气与作物播种、移栽的关系。合理密植,田间中耕除草与水肥管理。③对当地几种主要作物成熟期能初步进行判断,适时收割。对主要作物种子特性有一定的了解,并能保存。④对当地生产的农机具有一定了解并能保养	56
	相关知识	作物与外界环境关系	①作物播种早晚与温度的高低,保苗、壮苗与高产的关系。②作物施肥的多少与病虫害的关系	15

续表 1-1

<table>
<tr><th colspan="2">项 目</th><th>鉴定范围</th><th>鉴 定 内 容</th><th>鉴定比重</th></tr>
<tr><td colspan="2" rowspan="3">技能要求操作技能</td><td>耙地及渠道维修</td><td>①能使用耙、锄、铲等农机具进行碎土、松土。②能用锄、铲或牛犁进行开沟、做畦。③能用锄、铲进行渠道、田埂、晒场维修</td><td>15</td></tr>
<tr><td>播种、栽插、田间管理</td><td>①在有关技术人员指导下能完成当地主要作物播种、栽培作业,并保证质量。②能进行田间水肥、中耕等管理。③一般能进行田间病虫害防治,并能安全操作</td><td>40</td></tr>
<tr><td>收割与农产品保存</td><td>①一般懂得作物成熟期,能适时收割。②能将种子及时晒干,并分门别类写好标签进行贮藏</td><td>15</td></tr>
<tr><td colspan="2">农机具的设备与使用维护</td><td>常用的农机具</td><td>①能正确使用锄、铲、耙等农具及修理。②能对小型农机具使用及保养。如小型电动机、小型柴油机、手扶拖拉机、机动喷雾机等</td><td>15</td></tr>
<tr><td colspan="2" rowspan="2">安全及其他</td><td>农药、化肥</td><td>①正确掌握农药的浓度,防止作物及人、畜中毒。②了解各种化肥的性质,提高施肥效率,防止肥效挥发与流失</td><td>10</td></tr>
<tr><td>工作能力</td><td>在较高级技术人员指导下,能较好地完成生产任务</td><td>5</td></tr>
<tr><td colspan="5">中级农艺工</td></tr>
<tr><td rowspan="3">知识要求</td><td rowspan="3">基本知识</td><td>植物及植物生理</td><td>①种子和幼苗。②植物细胞和组织。③植物的器官。④植物的水分生理与必需矿质营养。⑤光合作用与呼吸作用</td><td>6</td></tr>
<tr><td>土壤肥料</td><td>①土壤与作物的生长。②高产土壤的培育与低产土。③化学肥料的合理施用。④有机肥料,种植绿肥</td><td>4</td></tr>
<tr><td>作物遗传育种</td><td>①掌握遗传与变异的概念及遗传三规律,即:分离规律、独立分配规律、连锁遗传规律。②掌握育种系统的基本方法,良种提纯复壮,防止混杂退化及杂种优势利用。③能在田间、室内进行种子鉴别与检验,对良种有较全面的了解</td><td>4</td></tr>
</table>

续表 1-1

项	目	鉴定范围	鉴定内容	鉴定比重
知识要求	基本知识	植物保护	①掌握昆虫基本知识。②掌握病害基本知识。③了解一般病虫害防治方法。④掌握农药基本知识。⑤掌握当地几种主要病虫害及杂草发生与防治	4
		掌握当地耕作制度中几种主要套种、间作、混种、轮作方式	掌握当地耕作制度中套种、间作、混种、轮作等几种主要方式	2
	专业知识	了解农业技术推广法与农业法的知识	①了解农业技术推广法与农业法对指导农业生产的重要作用。②掌握农业技术推广法应遵循的原则。③了解农村和城市郊区的土地所有权、使用权与转让权的政策。④掌握国家对粮、棉、油的生产政策	2
		当地几种主要作物知识的了解与掌握	①掌握当地几种主要作物的形态特征、生物学特征、各个生育时期的划分以及对外界条件的要求、产量的构成及产量的形成过程。②栽培技术:一般能应用推广了的先进栽培技术,对主要作物能掌握播种、栽插时间、合理密植、生育时期及长势长相,进行水肥管理,掌握不同作物生育特性(进行套种、间作、轮作)。③掌握作物成熟期,及其收获、脱粒、晒干、分别贮藏	58
	相关知识	栽培技术与保温措施、良种、肥料及病虫害之间的关系	①早稻、棉花利用薄膜覆盖保温育苗与高产的关系。②栽培技术与良种的关系。③高产栽培与病虫害的关系	20

续表 1-1

项　目		鉴定范围	鉴 定 内 容	鉴定比重
技能要求操作技能		翻地、平地	①能熟练地使用牛犁或农机具进行翻地或结合翻沤绿肥，并保证较高的质量。②能熟练地使用耙、耖、锄、铲或农机进行碎土、平整田块，开沟做畦	20
		播种、栽插及田间管理	①对当地几种主要农作物，能根据季节适时播种、移栽，每种作物的用种量、育苗面积与本田面积的比例计算。②能正确分析每种作物的长势长相及各个生育时期情况，进行施肥灌溉或排涝，中耕松土，整枝打叶。③能发现病虫害并及时防治。④能正确使用化学除草剂除草	35
		积肥造肥	能广辟肥源，挖塘泥，烧火土灰，割青堆肥，种好绿肥，为丰产创造条件	15
农机具的设备与使用维护		常用的农机具	①能熟练使用当地耕畜及农具进行田间一切作业。②掌握当地小型农机具的使用及保养	15
安全及其他		良种及生产的地区性与季节性	掌握良种的地区性及生产的强烈季节性。能做到因时、因地合理安排生产和良种布局	8
		工作能力	基本上可以一人独当一面，完成生产任务，并能指导初级农艺工进行生产工作	7
高级农艺工				
知识要求	基本知识	初、中级农艺工的知识要全面掌握		
		植物及植物生理	①种子和幼苗。②植物细胞和组织。③植物的器官。④植物水分生理和必需矿质营养。⑤植物的光合作用和呼吸作用。⑥植物的生长与发育	4
		土壤肥料	①土壤与作物生长、农业条件与土壤熟化。②高产、稳产土壤的培育。③红壤地或盐碱地的低产田的改良。④化学肥料合理施用。⑤积肥造肥，种好绿肥	4

续表 1-1

项目		鉴定范围	鉴定内容	鉴定比重
知识要求	基本知识	作物遗传育种	①遗传、变异和选择。②遗传的物质基础。③分离规律、独立分配规律、连锁遗传。④作物育种:引种,系统育种,杂交育种,杂交优势的利用。⑤良种繁育:品种混杂退化的原因及其防治,品种提纯及保持种性,种子标准化与种子检验及安全贮藏	4
		植物保护	①昆虫基本知识。②病害基本知识。③农药基本知识。④主要农作物的主要病虫害发生规律及其防治。⑤化学除草剂的使用	4
		耕作制度	①农业生态系统与耕作制度的关系。②各地的套种、间作、轮作方式。③用地与养地	2
		农业气象	①农业气象要求。②天气。③气候	2
	专业知识	农业技术推广法与农业法	①了解农业技术推广法和农业法的施行对指导农业生产的作用。②掌握农业技术推广应遵循的原则。③了解农村和城市郊区的土地所有权、使用权和转让权。④掌握国家对粮、棉、油的生产政策	3
		了解与掌握当地几种主要作物知识	①掌握当地几种主要作物在国民经济中的重要作用,了解国内外同种作物生产动态,每种作物的原产地。②了解作物形态特征及产量的构成,重点掌握生物学特性及其在生产上的应用。各个生育时期的划分与对外界条件要求。③栽培技术:掌握先进生产技术,掌握几种主要作物的播种、移栽并与当地气候变化紧密结合起来。掌握苗情,看苗进行水肥管理及中耕除草、整枝打叶、防虫治病。能准确判断作物成熟度,并及时进行收割、脱粒、晒干、入库保存	57
	相关知识	种植业与饲养业、国家政策、社会经济等关系	①种植业与饲养业的关系。②种植业与国家政策的关系。③种植业与当地社会经济的关系。④种植业与当地生态的关系等	20

续表 1-1

项　目	鉴定范围	鉴 定 内 容	鉴定比重
技能要求操作技能	耕地、整地	①能熟练地使用当地农机具进行翻地，翻沤绿肥、碎土、平田、开沟、做畦等田间整地工作，而且质量高。②能把整地与施肥紧密地结合起来	20
	生产安排	能单独或参与本单位的全年生产计划安排，做好作物布局。品种搭配，季季高产，全年增产的生产措施；生产工具的购买，肥料的准备	15
	播种、移栽、田间试验、田间管理	①能严格按照有关生产良种的要求繁殖良种、防杂保纯，提高种性或进行隔离杂交制种，操作技术熟练可靠。②田间试验设计合理，面积、重复次数适当，能正确定点进行苗情观察记载，分析、总结并有发现问题及解决问题的能力。③能根据作物生育情况及当地季节特点，适时进行播种、移栽、合理密植。④能指导初、中级农艺工提高高产田、吨粮田的生产能力，在生产上能发现问题，总结经验。有与外界同行进行交流经验的能力。⑤准确判断苗情、进行排灌、施肥、中耕、整枝、防治病虫害及杂草	35
农机具设备的使用及维护	常用的农机具	①能熟练地使用当地各种农机具与一般性的维护。②能使用并保养好耕畜。③能对小型电、柴油抽水机进行维护	15
安全及其他	农业生产的复杂性	①掌握作物发育特性对外界条件的要求，根据不同地区、不同季节，灵活安排作物生产。②能发现和消除滥用化肥、农药带来的不安全因素。③在灾害性的年月里，有抗灾自救、恢复生产的能力	8
	工作能力	①一个人能创造性地完成生产全过程。②能指导中级农艺工工作。③有总结生产经验、交流经验、传授技术的能力	7

思 考 题

1. 阐述棉花农艺工岗位的重要性。
2. 棉花农艺工应掌握的基础知识是什么？
3. 棉花农艺工应具备的基本技能有哪些？

第二章　棉花生产基础知识

一、棉花是重要的经济作物

棉花是世界上最重要的天然纤维作物，也是世界上栽培最广的纤维作物。棉花纤维具有吸湿性强、透气性好、保暖、容易染色、能捻曲、纺纱时抱合力强、不带静电等优良特性。棉花纤维的消费量占各种纤维的比重达到50%以上。

棉花籽棉产量中，纤维重约占40%（衣分），棉籽重约占60%。棉籽重量中，7%～10%为短绒，40%为棉籽壳，其余为棉仁。棉仁重量中，油（脂）含量为30%左右，其余为棉饼。棉饼重量中，蛋白质含量为45%～50%。

所以，棉花既是重要的纤维作物，又是重要的油料作物，也是优质蛋白质饲料作物，还是良好的农田肥源作物。

棉花的其他副产品也有广泛的用途。每吨棉秆可用来生产刨花板350千克或纤维板120块，从而可代替0.9米^{3}木材；也可用来作为造纸或生产葡萄糖、酒精的原料；棉秆皮纤维可用来制作麻袋和各种绳索。棉短绒可生产各种高级纸张、人造纤维、粗织品，也可用作医药、火药等工业原料。各种加工废弃短绒还是生产食用菌及药用菌的良好原料。棉酚在医药和化工方面有重要用途。精制棉酚用于治疗肺癌、肝癌、子宫肌瘤、功能性出血等。此外，棉纤维还用于制降落伞、汽车轮胎帘子线、传动带、电线包皮布、脱脂棉等。

二、棉花种植区域及栽培种

（一）棉花种植区域

我国适宜种植棉花的区域非常辽阔。目前，我国棉花分布范围为北纬 18°～47°、东经 76°～124°。东起辽河流域和长江三角洲，西至新疆塔里木盆地，南自海南省崖县，北抵新疆北部的玛纳斯河流域，东西纵横 4 000 千米以上，南北绵延近 3 000 千米。除西藏、青海、内蒙古、黑龙江、吉林五省、自治区外，其余各省、自治区、直辖市均可植棉。

20 世纪 50 年代，冯泽芳根据积温、纬度、平均干燥度等，将我国棉花种植区域划分为华南棉区、长江流域棉区、黄河流域棉区、北部特早熟棉区和西北内陆棉区，这就是我国的五大棉产区。20 世纪 80 年代，我国棉花科技界在肯定这一划分方案的基础上，将长江流域棉区进一步划分为长江上游、长江中游、长江下游及南襄盆地四个亚区；将黄河流域棉区划分为华北平原、淮北平原、黄土高原和京津唐四个亚区；将西北内陆棉区划分为南疆、北疆、河西走廊三个亚区（图 2-1）。目前，我国棉花种植面积主要集中在黄河流域、长江流域、西北内陆棉区，其余两个棉区的植棉面积已大为缩减，甚至只有零星种植。因此，21 世纪初，棉花科技工作者又将我国棉花生产区域划分为三大优势产区：长江流域、黄河流域、西北内陆（图 2-2）。

1. 长江流域棉区的特点　本区位于北纬 26°～33°、东经 104°～122°。北以秦岭、伏牛山、淮河及苏北灌溉总渠为界，东起滨海，西至四川盆地西缘。包括上海、浙江、江西、湖南、湖北五省（市）以及江苏的苏北灌溉总渠以南、安徽的淮河以南、四川盆地、贵州北部、云南东北部、河南信阳地区和陕西汉中地区。商品棉生

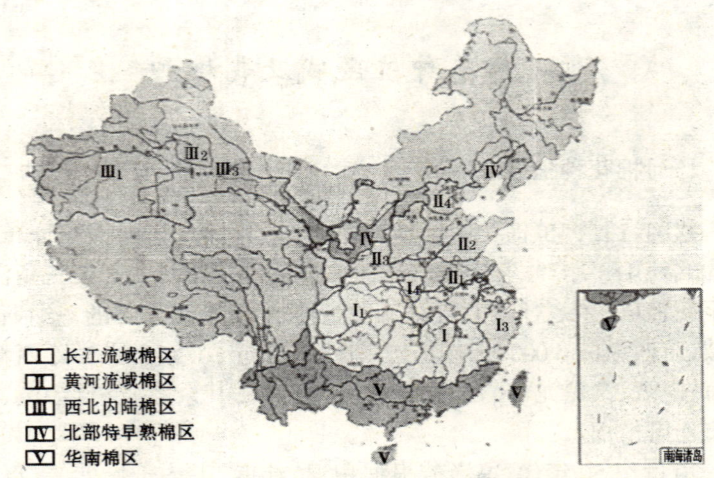

图 2-1　我国棉花五大产区及亚区

（根据《中国农业自然资源和农业区划》，1991）

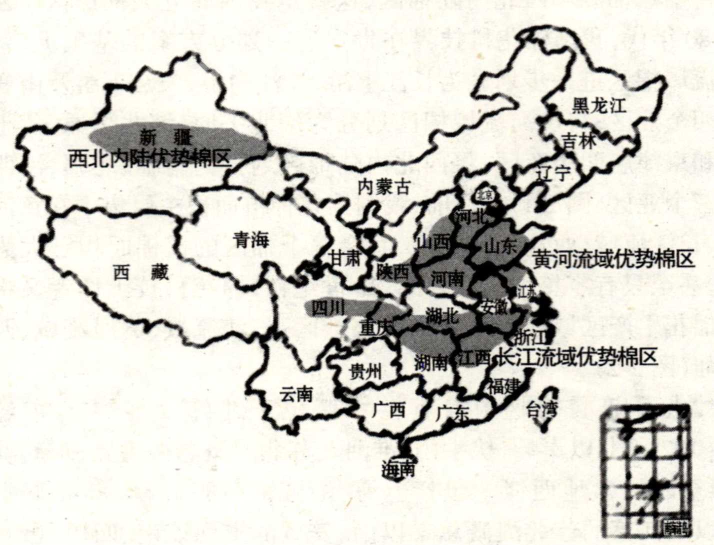

图 2-2　我国棉花优势产区

产主要集中在江苏沿江和沿海棉区、上海长江口棉区、浙江钱塘江口棉区、安徽沿江棉区、江西鄱阳湖棉区、湖南洞庭湖棉区、湖北江汉平原棉区及跨湖南、湖北的南襄盆地棉区、四川盆地棉区。

本区属亚热带湿润气候区，热量条件较好，4～10月份平均温度21℃～24℃，≥15℃积温4 000℃～5 500℃，无霜期220～300天；雨水较充沛，年降水量800～1 200毫米。但日照条件较差，年日照时数1 200～2 400小时，除伏天有较充足的日照时数外，其他生长季节均感不足。棉花主要生长在沿海、沿江、沿湖冲积平原，部分生长在丘陵坡地。平原地区土壤以潮土和水稻土为主，肥力较好；丘陵棉田多为酸性的红壤、黄棕壤，肥力较差；沿海有大片盐碱土。适宜栽培中熟陆地棉。大部分地方具有春季多雨高湿、初夏常有梅雨、入伏高温少雨、秋季多连阴雨的气候特点。棉花病虫害发生较重，苗期有根病、叶病危害，铃病危害较重，枯萎病蔓延普遍。虫害以红铃虫、棉花叶螨为主，棉铃虫偶有暴发。害虫发生世代较多。

棉田种植制度目前均为一年两熟，大部分实行麦（油）、棉套种复种，棉花育苗移栽、麦行套栽面积较大。近年来采用塑膜育苗，麦（油）后移栽棉花发展较快。

2. 黄河流域棉区的特点　本区北界自山海关起，沿河北省境内的内长城向西，再顺太行山东麓向南，而后由河南境内的天台山（济源以北）折向山西境内的霍山（霍县以西），再经由陕西境内的北山（莆城、凤翔以北）连至甘肃南边的岷山画一直线；西起陇南，东至海滨。本区水热条件适中，春、秋日照充足，有利于棉花早发稳长和吐絮。伏天雨季往往加重盛花期蕾铃脱落。大多数地方仍以一年一熟为主，部分棉田推广粮（油）棉两熟套种。适于栽培中、早熟陆地棉。黄萎病与枯萎病往往混生，在老棉区传播蔓延较快。苗期常有根病。虫害以棉蚜、棉铃虫为主，红蜘蛛在局部地区有时也较重。

本区划分为4个亚区：淮北平原、华北平原、黄土高原和早熟棉区。

3. 新疆棉区的特点 本区日照充足，气候干旱，温差大，有利于棉花稳长，蕾铃脱落率低，经济产量系数高。可种植中、早熟陆地棉或中、早熟海岛棉。棉田均为一年一熟，平作。棉花病虫害轻。东疆和南疆是目前国内最大的长绒棉生产基地。

4. 我国三大棉花产区棉花生长发育期间自然条件 三大产区之间差别很大，参见表2-1，表2-2，表2-3。

表2-1 不同棉区的温度状况（℃）

棉 区	无霜期（天）	≥10℃积温	4月	5月	6月	7月	8月	9月	10月
长江流域	260	5200	15.6	20.6	24.8	28.2	27.7	23.2	17.4
黄河流域	205	4600	13.3	20.1	25.0	26.7	25.6	20.2	14.1
新疆北疆	172	3350	11.0	17.9	22.8	24.9	23.1	16.9	8.1
新疆东、南疆	246	4800	16.1	21.9	26.2	27.9	26.4	20.7	11.8

表2-2 不同棉区的降水状况（毫米）

棉 区	4月	5月	6月	7月	8月	9月	10月
长江流域	117.4	143.9	149.4	164.6	127.8	112.7	65.6
黄河流域	42.3	48.7	70.4	175.5	136.6	70.4	38.4
新疆北疆	13.1	14.7	15.6	16.7	21.3	11.0	7.3
新疆东、南疆	3.1	6.3	6.1	7.2	5.2	2.9	0.9

表2-3 不同棉区的日照状况（日照%）

棉 区	4月	5月	6月	7月	8月	9月	10月
长江流域	42.9	46.3	41.7	50.7	51.7	54.1	52.6
黄河流域	54.1	57.9	60.6	59.2	57.6	59.4	58.6

续表 2-3

棉 区	4月	5月	6月	7月	8月	9月	10月
新疆北疆	63.5	67.0	69.3	67.5	72.0	75.0	73.8
新疆东、南疆	59.6	64.2	68.0	66.6	70.4	73.2	75.8

(二)棉花的栽培种

棉花有四大栽培种,即陆地棉、海岛棉、亚洲棉和非洲棉。目前世界棉花总产量中,陆地棉约占 90%,海岛棉占 8%,亚洲棉和非洲棉仅占 2%。

1. 陆地棉 原产于中美洲墨西哥南部和加勒比地区及一些太平洋岛屿上。

1865 年英国商人将陆地棉引入我国上海郊区种植,1892 年张之洞从美国购入棉种,安排在湖北省原武昌县、天门县种植。但真正大面积种植陆地棉,始于 20 世纪三四十年代。

陆地棉产量高,品质好,适应性强,因此成为世界种植面积最大的栽培种。

2. 海岛棉 原产于南美洲、中美洲和加勒比地区。

我国种植的海岛棉属于埃及型的海岛棉,于 20 世纪初期引入。虽然海岛棉品质好,尤其是纤维细、长,但因其产量较低,适应地区有限,因此海岛棉主要在埃及、苏丹、秘鲁、美国等部分国家种植。我国只在新疆有较大面积种植。

3. 亚洲棉 早在史前时期,在印度西南部就已栽培驯化。之后传播到全印度,再向东传播到东南亚各国、中国、朝鲜半岛和日本南部岛屿,向西传播到地中海沿岸和欧洲,并在这些地区逐步形成了当地的生态-地理类型。

亚洲棉在我国栽培的历史长,分布广,变异类型也多,故又称为中棉。亚洲棉的纤维品质差、产量低,所以目前我国几乎没有栽培,世界上也只有极少国家(如印度)尚有部分种植。

4. 非洲棉 原产非洲南部,在阿拉伯地区驯化,再经中亚东传到我国西北部的新疆和甘肃河西走廊,西传到地中海沿岸国家。

非洲棉又称草棉。植株矮小,铃也特别小,同时产量低,品质差,所以除作为种质资源外,几乎没有人工栽培了。

三、棉花生育特性与生长发育过程

(一)棉花植物学特征

棉花是圆锥根系,主根可入土深 2 米以上,侧根伸长可超过 70 厘米。

棉花的茎由主茎和分枝组成,茎色下红上绿。株高的增长速度、节间长短、红绿茎比例都是看苗诊断的重要指标。分枝由叶枝和果枝组成,零式果枝、有限果枝有利于密植。丰产株型是指茎粗壮、节间较短,果枝与主茎角度较小,果枝较短,株高适中。

(二)棉花生育特性

1. 喜温好光 棉花属喜光作物,其正常生长发育要求有良好的光照条件。棉花又是喜温作物,其生长发育最适宜的气温是 25℃~30℃,一般在 15℃以上才能正常生长,但高于 35℃的气温对棉花光合作用和生长发育都不利。

2. 无限生长且可塑性大 棉花具有无限生长习性,只要生长条件适宜,可以不间断地生长,甚至为多年生。棉花同时还具有可塑性大的习性,在不同条件下,其株型、结铃性等特性变化很大,因而在生产实践中能运用水肥、密度、整枝及施用植物生长调节剂来控制株型,合理地调整群体结构。

3. 再生能力、补偿能力强 棉花有较强的再生能力,受灾或受损后，在一定条件下，棉花生长可以得到一定程度的恢复。棉株越小，其再生能力越强。棉花生长的补偿能力也较强，如播种时间和种植密度，种植密度和单株成铃之间，都存在较好的补偿作用。

4. 营养生长与生殖生长并进时间长 从外观形态而言，棉花现蕾即进入了生殖生长时期。而此时，棉花根、茎、叶的生长仍然十分旺盛。因此，现蕾时棉花即进入了营养生长与生殖生长同时并进的时期，直到吐絮，两者相互促进又相互制约。如果偏于营养生长，则会造成"高、大、空"；若偏于生殖生长，则植株生长过弱，表现早衰，产量不高。

(三)棉花生长发育过程

棉花自播种至拔秆所经历的时间，称为大田生长期；自播种至吐絮所经历的时间，称为全生育期；而从出苗至吐絮所经历的时间，称为生育期。在相同或相似气候条件下，同一品种或同一类型的品种，其生育期比较一致。

棉花从播种至吐絮，在整个生长发育过程中，不同器官依次出现，可明显地划分为播种出苗期、苗期、蕾期、花铃期和吐絮期 5 个生育时期。

1. 播种出苗期 幼苗子叶平展时，称为出苗。群体中，50%的幼苗出苗时，称为出苗期。从播种至出苗期所经历的时间，称为播种出苗期，一般 7～10 天。

2. 苗期 棉株第一果枝上出现肉眼可见(3 毫米长)的三角形苞片幼蕾时，称为现蕾。群体中，50%的棉株现蕾时，称为现蕾期。从出苗期至现蕾期所经历的时间，称为苗期，一般 40～50 天。

3. 蕾期 棉蕾花冠开放、柱头外露时，称为开花。群体中，50%的棉株开花时，称为开花期。从现蕾期至开花期所经历的时间，称为蕾期，一般 25～30 天。

4. 花铃期 棉铃铃壳开裂、纤维外露时，称为吐絮。群体中，

50%的棉株吐絮时,称为吐絮期。由于棉花开花后即进入结铃期,所以从开花期至吐絮期所经历的时间,称为花铃期,一般 50~60 天。生产上,还将群体中 10%棉株开花时称为始花期,50%棉株开花时称为盛花期。

5. 吐絮期 从吐絮期至全田收花基本结束所经历的时间,称为吐絮期,一般 70~90 天。

(四)棉花长相与生长速度

红茎比:稳长棉株红茎比例随生长发育阶段逐渐增高,一般苗期占 50%~60%,蕾期占 60%~70%,开花期占 70%~80%,打顶前占 80%左右,打顶后红到顶梢。

叶面积系数:高产棉田在常规密度下,各生育时期叶面积系数应是:齐苗期为 0.004,3 叶期为 0.03~0.05,现蕾期为 0.3~0.4,初花期为 1.2~2,结铃期为 3.5~4,达到高峰。以后叶面积系数平缓下降,吐絮盛期以争取保持在 2.5~3 为宜。

生长速度与生育期指标:生育期时间,4 月下旬齐苗,5 月上中旬 3 叶期,5 月下旬至 6 月初现蕾,7 月初开花,8 月下旬至 9 月初吐絮。以株高增长速度为主要促控指标,现蕾期株高以 20 厘米左右为宜,主茎日增长量不超过 1 厘米;开花期株高 55 厘米左右,主茎日增长量不超过 2 厘米;盛花期日增长量 2~2.5 厘米,最终株高 90 厘米左右。

新疆棉花生产与内地生产差别较大,其长势长相也比较特殊。

苗期:生育天数 30 天左右,主茎日增长量 0.4~0.6 厘米,主茎高度 15 厘米左右,主茎叶片 5~6 片。

蕾期:生育天数 30 天左右,主茎日增长量 0.8~1 厘米,主茎高度 45 厘米左右,主茎叶片数 12~13 片。

花铃期:打顶后株高 65 厘米,主茎叶片数 15~16 片,果枝台数 10~11 台。

四、棉花器官的形成

(一)根的生长

棉花根系由主根、侧根、支根、毛根和根毛组成。棉花各级侧根和主根的根尖10厘米是根系吸收和合成功能的活动区域,近根端约1厘米范围是根的生长区域,除此以外的根段起贮藏、输导、支撑和固定作用。棉花是深根作物,其主根入土深可达2米左右,侧根横向扩展可达60~100厘米,大部分侧根分布在10~30厘米深土层内,组成一个倒圆锥形的根系网。移栽棉花的主根被切断,而侧根发达,根系呈鸡爪形,入土较浅,水平分布范围较广。

据棉花各生育时期根系生长动态和生理功能的特点,可将根系建成过程分为4个时期。

1. 根系发展期 从棉籽萌发至现蕾为根系发展期。子叶展平、叶基点出现红色时,开始发生一级侧根。第一片真叶平展前,开始发生支根。3叶期侧根可达80~90条,根冠比值为4~5。现蕾时主根长达70~80厘米,上部侧根向四周扩展达40厘米,此时各级侧根布满土壤耕作层,正常种植密度下,株间根系已经交叉。育苗移栽棉花在移栽前,根冠比值小,主根长度短。

2. 根系生长盛期 蕾期是棉花根系的生长盛期。主根每天可伸长1.2~2.5厘米,蕾期末深度达100~170厘米,开花前棉花根系基本建成。移栽棉花主要是侧根的伸长和支根数的增多,所以也是移栽棉花的扩根期。现蕾前上层根群的生长占优势,蕾花期下层根群的生长占优势。

3. 根系吸收高峰期 初花期侧根的生长开始减弱,盛花期后主根和大侧根的生长基本停止,毛根和根毛大量滋生,活动根大多分布在10~40厘米深土层,形成根系吸收养分和水分的高峰时期。移栽棉花侧根密集层短,着根密度高,侧根较直播棉粗,单株根重增加速度快,称为长粗增重期。

4. 根系活动功能衰退期　吐絮期耕作层中的毛根数量大为减少,根系生长功能逐渐衰退,吸收矿质养分和水分的能力明显下降。

(二)茎(枝)的生长

茎是支撑棉株地上部分的骨干,其上着生叶、分枝、花和棉铃。叶着生的位置为节,两节之间的部分为节间。枝着生于主茎叶腋处。茎、枝有运输水分、无机盐、光合产物及其他有机合成物和贮藏营养物质的功能。

1. 主茎与分枝的形态

(1)主茎的形态　主茎一般有20～25节,茎高1～1.5米,茎表常呈绿色。随着主茎的成长,阳光照射,茎色表现为下红上绿。茎色的变化可作为衡量棉株长势的标志。棉花的红茎比,以苗、蕾期50%左右,见花前后60%～70%,打顶前达到70%～80%为宜。

(2)分枝的形态　棉花的分枝有叶枝和果枝2种。叶枝的形态与主茎相似,着生在主茎下部,与主茎夹角较小,叶螺旋互生,蕾铃着生于叶枝发生的(二级)果枝上。果枝着生在棉株中上部,枝条近水平曲折生长,叶对生,蕾铃直接着生在果枝上。

(3)果枝类型　棉花果枝节数因品种而不同,可分为多节、一节和零节3种。果枝只有一个节,顶端着生蕾铃,称为有限果枝。果枝没有(零)节,蕾铃直接着生在主茎叶腋内,称无果枝类型或零式果枝。果枝有多节的称为无限果枝。目前栽培品种大都属无限果枝类型,但有的品种其棉株上兼有有限和无限果枝,甚至还兼有零式果枝。

(4)株型　根据棉株高矮、节间长短和茎、枝、叶着生状况,将棉花株型分为宝塔形、筒形、伞形和丛生形4种。

2. 主茎和果枝的生长　主茎和果枝的生长，一般苗期慢，现蕾后加速，盛蕾后明显加快，开花前后株高（子叶节或地面至主茎顶芽或最上一片展开叶叶柄基部的高度）达最终高度的50%，盛花后生长速度逐渐减慢，直至停止。

（1）主茎的生长　棉花的主茎由顶芽发育而来。顶芽的分生组织不断地向上分化和生长，形成主茎的节和节间，节上形成叶片和腋芽。主茎节间一般平均每隔3天有一个节间基本固定，同时相继出现一个新节间。同一天内，主茎一般有3～6个节间同时伸长。一般由固定的一节算起，向上的第二个节间伸长最快。

棉花主茎的生长（表现为株高的增长）速度，是诊断棉花长势的重要指标之一。通常棉株高度增长速度表现为：苗期较慢，蕾期较快，始花期达到高峰，开花结铃盛期逐渐减慢，直至停止。

（2）果枝的生长　果枝的增长速度与棉株的生长势密切相关。正常情况下，果枝出生的速度随主茎的生长速度而波动，并与花蕾的增长速度相平行，即三者的增长速度是同步的。

（三）叶的生长

叶片的主要功能：一是光合作用，制造棉株生长发育、器官建成所需要的营养物质；二是蒸腾作用，调节植株体温，并为根系吸收水分和养分产生拉力；三是吸收作用，可以吸收各种无机或小分子量的有机（溶液）物质。

1. 叶的形态　棉叶分为子叶、先出叶和真叶3类。子叶两片（大小不等），对生，肾形，绿色，叶基红色，为不完全叶。先出叶位于分枝基部，是分枝和枝轴的第一片叶，呈长椭圆形、披针形、卵圆形或分叉形等。先出叶极小，宽5～6毫米，无托叶，叶柄有或无，为不完全叶。真叶为完全叶，具有托叶、叶柄和叶片。第一片真叶最小，全缘，此后出生的叶片逐渐增大，并出现掌状分裂。果枝叶的外形与典型的主茎叶基本相同，但只有3个裂片。棉株以主茎叶最大，叶枝叶次之，果枝叶最小。主茎叶和叶枝叶的叶序为3/8，果枝叶为对生。叶面有茸毛和腺毛。叶肉里有多酚色素腺，外观棕褐色。叶背中脉离基点1/3处有一个蜜腺。

2. 叶的生长　棉叶从分化至展开，经历4个分化时期：叶原基突起期、叶原基分化期（称分化叶）、叶原基发育期（称形成叶）、展平叶期。

就单叶的生长而言，以叶片平展后的第四至第七天生长最快，以后逐渐下降，至第十一天后生长速度明显变慢，14天后叶片基本定型，此时的叶片已生长成熟。棉花真叶的一生可分为3个阶段：一是幼叶（平展至其后14天）阶段，本叶制造的营养物质不能满足自身生长发育的需要；二是成长叶（平展后14~42天）阶段，制造的营养物质除用于呼吸消耗外，全部外运，供应其他器官的生长；三是老叶（平展后42~56天）阶段，光合作用逐渐下降，56天以后衰老。正常条件下棉叶的寿命为75天左右。

就单株叶片来说，主茎下部叶较小，中部叶较大，顶部叶又变小。主茎叶现蕾至初花期增长最快，盛花期主茎叶面积达高峰。果枝叶在现蕾后增长很快，其面积在初花期占单株总叶面积的52%~56%，开始吐絮时果枝叶面积达高峰。

就群体叶片而言，棉田的叶片数和叶面积，随着棉株生长发育进程的推进而呈现出有规律的消长。叶面积增长速度表现为：苗期慢，蕾期加快，开花结铃期叶面积达到高峰，至吐絮期下部叶片枯黄脱落，叶面积也开始下降。

（四）蕾的发育及开花

棉花的花蕾从花原基开始分化，到花器的各部分分化完成时，花蕾已长达3毫米左右，肉眼清晰可见，棉株进入现蕾期，经历3周左右。

棉株现蕾依由下而上、由内向外的顺序进行，以第一果枝第一果节为中心，呈螺旋曲线由内圈向外圈发生。纵向间隔 2～3 天，横向间隔 4～6 天。距主茎越远，出现花蕾的间隔时间越长。后期现蕾间隔时间比前期长。

开花：开花前 4～5 天，花冠生长加速。至开花前 1 天下午，花冠急剧伸长，突出苞叶外。至开花当日上午 8 时以后，由于花瓣生长的不平衡作用而使花冠开放。开放的花瓣似三角形，乳白色。花瓣在开花当天下午渐变成微红色，第二天变成红色凋萎状，第三天花冠脱落。棉花开花规律与现蕾规律相同。

（五）棉铃的生长及蕾铃脱落

棉铃是由开花受精后的子房发育而成的，是棉花的果实，植物学上称蒴果，通常叫棉桃。

1. 棉铃的形态　多数品种的棉铃为卵圆形，分为铃尖、铃肩和铃基部。铃面平滑，油腺不明显，含有少量叶绿素，成熟棉铃变为红褐色。成熟时铃壳由肉质状转变成革质状，每一心皮中肋处开裂，其后背缝开裂。铃壳薄的棉铃吐絮畅。

2. 棉铃的生长　棉铃的生长可分为体积增大、内容充实及脱水成熟 3 个时期。

（1）体积增大期　开花后 24～30 天，棉铃体积达到最大，且以开花后 20 天增大最快。棉铃直径 2 厘米及以上，称为成铃或大铃；不足 2 厘米的称为幼铃或小铃，易遭虫害。

（2）内容充实期　是籽棉干重增长最快的时期，经历 25～30 天。中铃品种，正常棉铃的铃壳重占 22%～25%，棉籽重占 45%～50%，纤维重占 27%～31%。此期棉铃手感变硬，铃面转成褐色；棉铃内纤维增加，纤维壁上积累大量纤维素；水分相对较多，易感染病菌，引起烂铃。

（3）脱水成熟期　棉铃生长 50～60 天后，内部乙烯释放，促使棉铃脱水开裂。正常情况下棉铃开裂到吐絮脱水（含水量 15%左右)成熟,需 5~7 天。

3. 成铃的时空分布 空间上,纵向可分为上部桃、中部桃和下部桃,横向可分为内围桃、外围桃。时间上,可分伏前桃、伏桃和秋桃(又分早秋桃和晚秋桃)“三桃”(或“四桃”)。

伏前桃是指 7 月 15 日(长江中游,下同)前结的成桃,是早发的重要标志,且能协调营养生长与生殖生长的关系,防止疯长,对提高产量和品质有积极作用。伏桃是指 7 月 16 日至 8 月 15 日期间结的成桃,所占比例最大,是构成产量的主体,而且品质好。秋桃是指 8 月 16 日至有效花终止期(9 月 15 日)所结的成桃,其中 8 月 16~31 日所结的成桃称为早秋桃,9 月 1~15 日结的成桃称为晚秋桃。早秋桃的成铃率较高,铃重较大,品质尚好。

4. 铃重 是指单铃籽棉重,用克表示。铃重一般为 4~6 克,大铃品种大于 6 克,小铃品种仅 3~4 克。铃重与结铃部位、时间有关:一般内围铃重,外围铃轻;纵向以中部铃重高于上、下部的铃重;伏桃 > 早秋桃 > 伏前桃 > 晚秋桃。

5. 蕾铃脱落 棉花从现蕾至成铃期间,落蕾和落铃现象十分普遍,二者合计占现蕾总数的 2/3 左右。

(1)蕾铃脱落的比例 一般情况下,开花前的落蕾和开花后的落铃,大体比例为 6:4。但两者的脱落比例因棉种不同而有明显的差异。

(2)蕾铃脱落的部位 由于蕾铃出现的时间不一、部位不同,不同蕾铃所获得的养分供应量也不一样,因而不同部位的蕾铃脱落情况也有差异。一般越靠近主茎的果节脱落率越低,反之则越高。内围圆锥体的脱落率低,外围圆锥体的脱落率高。

(3)蕾铃脱落的日龄 棉花从现蕾至成铃的各个时期都可能产生脱落,但一般来说,蕾的脱落以现蕾后 10~20 天为最多,铃的脱落大多数集中在开花后 3~7 天。

(六)种子的生长

棉花种子称棉籽,圆锥形,钝圆端称合点端,锐尖端称子柄端,有一棘状突起称子柄,旁有小孔称珠孔或发芽孔。成熟棉籽的种皮为黑褐色,表面有 7 条脉纹,其中一条较粗称子脊。棉籽表面附有短绒的称毛子,无短绒的称光子,一端或两端有短绒的称端毛子。短绒多为白色或灰白色。成熟棉籽百粒重称籽指,一般 9~12 克。

成熟的种子,种仁饱满,发芽率、出苗率高;半成熟种子,种仁半饱满,种皮透性过高,易受病菌侵染造成烂子;未成熟的种子,种仁空瘪,种子素质很差。因养料缺乏和受精不充分或未受精的棉籽统称秕籽。未受精的秕籽称不孕籽,一般在棉瓤基部。

(七)棉纤维的生长

纤维是棉籽上的一种表皮毛,由胚珠的表皮细胞分化而来。棉纤维的生长过程,可分为以下 3 个时期。

1. 纤维伸长期　开花当日,生毛细胞向外隆起,第二天呈棒槌状,第三天变尖。一般开花后 3 天内,生毛细胞伸长可形成长纤维;开花后 4~10 天隆起的生毛细胞,如中途停止伸长,最后成短纤维或短绒。棉纤维伸长速度,开始时伸长较快,开花后 5~20 天最快,20~30 天后达最大长度。伸长期间,纤维素沉积重量占总干重的 30%。

2. 胞壁淀积加厚期　纤维伸长基本结束至裂铃前,历时 25~35 天。开花 5~10 天后,纤维素开始在初生胞壁内,向心层层淀积,使胞壁逐渐加厚。开花后 20~30 天,胞壁加厚和增重均达最快,淀积量占总量的 70%。胞壁加厚过程中,每日以结晶态纤维素向内淀积一层,形成生长日轮。

3. 纤维脱水转曲期　从裂铃至充分吐絮,历时 5 天左右。棉铃开裂,纤维失水干燥,棉纤维缩成扁管状。同时,由于小纤维束呈螺旋状排列,受内应力的影响,使纤维形成转曲。

五、棉花对环境条件的要求

棉花不同生长发育阶段,对外界条件的要求不同。下面分别加以介绍。

(一)种子萌发与出苗阶段

棉种的发芽率应在85%以上。棉籽的萌发和出苗必须具备适当的水分、适宜的温度和充足的氧气。

1. 水分 棉籽萌发需吸收相当于自身干重60%以上的水分。棉籽吸水,最初几小时速度很快,为自然吸水过程;达到萌发需水量后吸水速度减慢,为有限的代谢吸水。棉籽表面的各个部位都具有吸水能力,但以合点为吸水的主要通道。棉籽吸水膨胀后,凝胶状态的原生质转变为溶胶状态,酶的活性加强,种子内的贮藏物质很快被用于胚本体的生长。同时,种壳软化破裂,便于胚根突出,促进内外气体交流。

棉籽萌发时,若土壤水分不足,则不能萌发出苗;水分过多,因缺乏氧气而发芽缓慢,甚至烂种。

2. 温度 棉籽萌发时,种子内部要进行一系列物质和能量转化的生物化学反应,这些反应都需要各种酶作为催化剂,而酶的活动受温度的影响很大。在适宜的温度范围内,酶的活性最高,这时棉籽内贮藏的物质分解快,种子萌发和出苗也快。所以,棉籽萌发的最适宜温度和酶活动的最适温度相近。但温度过高,呼吸作用过于旺盛,消耗的养料增多,幼苗生长就会减弱;温度过低,则种子发芽缓慢,容易烂种。

3. 氧气 在萌发出苗时,呼吸作用和酶的活性显著增强,需氧量也相应增加。如氧气供应不足，则发芽速度缓慢。严重缺氧时，会产生有害物质，影响发芽和出苗。因此，在棉花播种之前，应充分整地，做到上虚下实，土面平整，增强土壤的通气性。播种后如遇雨，易造成土面板结，应及时破除土壳，增强通气性，促进棉籽发芽。

（二）根系建成阶段

棉花根系生长的强弱，主要是受土壤环境条件如土壤的性质、水分、养分、温度及酸碱度等的制约。

1. 土壤性质　棉花根系发展要求有疏松而通气良好的土壤。棉花根尖只有在含氧 1% 以上的土壤状态下才能延长，而以含氧 7% ~ 21% 的土壤最为适宜。当土壤容重在 1.55 克/厘米^3 以上时，棉花根系的穿透力逐渐减弱，说明土壤紧实度过大，通气不良，根系的伸展受到抑制。

2. 土壤水分　土壤水分适宜，有利于主根伸长，侧根增多，根系吸收面增大。适于棉花根系生长的土壤含水量为田间持水量的 55% ~ 70%，地下水位 1 ~ 1.5 米。

3. 土壤温度　棉花根系生长的最适地温为 25℃ ~ 27℃，地温降到 14.5℃时根系即停止生长，17℃时根系生长十分缓慢，24℃以上根系迅速生长。因此，苗期提高地温是促进棉花根系发展，实现壮根发棵的主攻方向。但是，33℃以上地温又会对根系产生危害。因为过高的温度可以使酶逐渐钝化，影响根的正常代谢，从而使根的吸收作用受到抑制。同时，过高的温度也可以使根的老化过程加强，导致根的木质部增大，吸收面积减小，吸收速度也明显下降。

4. 土壤养分　土壤营养元素种类齐全、比例均衡、数量恰当、供应及时等也是棉花根系正常生长的重要条件。如果施肥不当（时间、种类、方法、数量等），则根系吸收困难或发生“烧根”现象，导致根系生长不良。

5. 土壤含盐量 土壤中可溶性盐类过量，对棉花根系生长不利。土壤含盐量超过 0.25%，则根系生长不良。

（三）茎枝生长阶段

充足的水分和氮素营养能加速茎枝生长。苗期外界气温较低，棉苗生长中心在根部，主茎日增长量以 0.5～0.8 厘米为宜。蕾期气温逐渐升高，雨水多，生长中心转向地上部，主茎日增量以 1～1.5 厘米为宜。盛蕾初花期，吸收养分能力增强，主茎日增量以 2～2.5 厘米为宜，超过 3 厘米则枝叶茂盛，棉株徒长，蕾铃脱落增加。盛花结铃期，体内有机养料转向以供生殖器官为主，主茎生长减慢，日增量为 1～1.5 厘米。吐絮期，养料主要供给棉铃，主茎生长基本停止。

果枝芽的形成，受生态条件和栽培措施的影响很大。在日平均温度为 19℃～20℃（夜间温度影响更大），每天光照时间 8～12 小时，水和氮、磷、钾配合比较适宜，棉株体内合成的糖类和蛋白质多，非蛋白质氮积累较少时，则有利于腋芽发育为果枝芽。当土壤中水和氮较多，棉株吸氮比例过大，加之光照不足、合成糖类少、非蛋白质氮积累较多时，腋芽易形成叶枝芽。

（四）蕾的发育

温度与现蕾早迟密切相关。现蕾最低温度要求为 19℃～20℃，高于 30℃会抑制腋芽的发育，因此温度过低或过高均会推迟现蕾。棉花对光照时间的要求不很严格，只要温度适宜都可现蕾。土壤水分以田间持水量的 60%～70% 为宜，过低或过高都会延迟现蕾。氮、磷、钾比例适宜，有利于现蕾，以氮磷比、氮钾比值小为好。如果栽培管理不当会推迟现蕾。

(五)开花期间

棉花的开花,受温度的影响较显著。一般棉花开花要求20℃以上的温度,最适温度是25℃～30℃。在一天中,则以上午8～10时开花最盛。如果气温下降到14.5℃以下,即使是长足的花蕾,也不能正常开放。低温也可使花器官发生变异。如果花蕾在开花前连续几天遭受低温,除苞叶外,花的外形将显著缩小,尤其是花瓣的长度超不过苞叶,花丝不伸长,花药变小而不开裂,柱头不能伸出雄蕊群。

温度低于20℃或高于38℃,则因降低生活力和造成败育而会影响受精。强光有利于提高花粉生活力。开花时降雨,花粉粒吸水胀破,丧失受精能力,导致蕾铃脱落。

(六)结铃期间

1. 棉铃生长　棉花开花结铃期,以25℃～30℃的气温为最合适,这时由棉叶等绿色组织合成的有机物最多,并能顺利地由叶片转运到棉铃,供应棉铃生长发育的需要。在此温度范围内,温度的升高与铃重的递增呈正相关,所需积温为1 200℃左右,铃期约50天,单铃籽棉重增大。如果日平均温度在25℃以下,所需积温为1 250℃,铃期延长至60天以上,单铃籽棉重下降。棉铃生长期间遇到高温或低温,都会影响其生长发育。当≥33℃的气温持续5天以上,对幼铃的生长发育将产生严重的不利影响,主要是改变了铃结构的比例,增加了秕籽数,减少了实粒种子数和减轻了纤维重,从而降低了单铃籽棉重。气温≤12℃,同样对幼铃的生长极为不利,这主要是减少了实粒数,增加了不孕籽数,减轻了纤维重,从而降低了单铃籽棉重。

棉铃发育过程中,含水量逐渐减少。通常体积增大期含水量达80%左右,充实末期下降到65%～70%,棉铃充分吐絮时仅为

15%左右。如施氮肥过多,铃壳厚,脱水就慢,遇雨易成僵瓣或霉变。在棉铃室数多、气温过高或过低、光照不足、肥料缺乏等情况下,秕籽数会增多。

2. 纤维生长 棉纤维品质的好坏,与纤维素的沉积速度和沉积量有密切关系。纤维素的沉积又依靠同化产物转化而来,而物质转化过程受当时的外界条件、受精情况等影响较大。

温度是制约棉纤维生长发育的主要因素之一。如果白天温度在30℃左右,夜间温度又在21℃以上,则纤维伸长迅速,只需20天左右便能完成纤维的伸长时期;如果夜间温度降至10℃左右,则生长速度减慢,伸长时期将会延长。在棉纤维充实期间,也需要较高的温度。日平均温度在25℃左右,纤维壁增厚的速度较快;日平均温度低于20℃时,纤维壁的增厚就显著减慢。如温度低于21℃,还原糖虽可积聚于纤维内,但不能转化成结晶态的纤维素。温度低于15℃,棉纤维伸长和次生胞壁增厚均受影响,一般使小纤维束排列紊乱,孔隙较多,吸湿较快,强度低。在21℃~30℃范围内,温度越高棉纤维伸长和次生胞壁加厚越快。在伸长期间,纤维素沉积对水分尤为敏感,当土壤含水量低于田间持水量的55%、土壤含盐量为0.4%时都会使纤维伸长受阻而变短。纤维脱水转曲期遇雨,不利于形成转曲,易造成僵瓣,使纤维霉烂变质。

(七)蕾铃脱落

棉花蕾铃脱落比例很高。造成棉花蕾铃脱落的原因很多,其中外界环境条件的影响非常重要。

1. 光照 光照不足是造成蕾铃脱落的重要环境因素。光照不足,不仅减少同化产物的合成,而且导致一系列生理紊乱,影响生殖器官的发育,特别是对花粉发育和受精作用影响较大。弱光条件下进入柱头的花粉管大为减少,造成因不能正常受精而脱落;弱光刺激乙烯的产生,增大释放量,促进脱落;弱光减少光合产物的输出，并降低其运输速度，使蕾铃养分供应受限。这正是花铃期遇到长期阴雨而造成蕾铃大量集中脱落的原因。

2. 温度　温度的剧烈变化是造成蕾铃脱落的又一个环境因素。四川省的研究表明，在23℃～29℃范围内，蕾铃脱落随温度上升而减少，随湿度上升而增加，但低温的影响更大。高温伴随高湿，开花后3天幼铃会大量脱落。高温高湿也使50%左右花粉失去生活力，使子房获得的同化产物显著减少。高温弱光加剧蕾铃脱落。所以高温、高湿、弱光天气极不利于结铃。高温缺水，导致花药不能正常开裂，甚至出现不育花粉，也是造成蕾铃脱落的原因。

3. 水分　水分影响蕾铃脱落是通过多种途径而发生的。缺水直接造成幼小子房的逆流失水，刺激果柄离层的分离。蕾、花和幼铃的吸水力小于10天以上大铃，更低于叶片。因而，干旱情况下幼铃最易脱落。水分亏缺还降低光合强度，限制同化产物运输、矿物质营养的吸收和运输分配，降低生长素的向基输出，刺激乙烯和脱落酸的合成，导致蕾铃脱落。水分过多，降低土壤供氧能力，也诱导乙烯和脱落酸的合成，造成蕾铃脱落。降雨影响受精，尤其上午降雨和持续降雨影响最大，可造成当日开花的子房90%脱落。其他凡影响水分利用和土壤气体交换的因素也间接造成蕾铃的脱落。

六、棉花产量构成

生产上通常将单位面积的总铃数、平均单铃重、衣分作为构成产量的因素。皮棉产量就是三者的乘积。三因素中，衣分主要受品种特性支配而变化较小，总铃数容易受环境的影响而变化较大，铃重的变化居于二者之间。

(一)单位面积总铃数

单位面积总铃数是单位面积株数和单株成铃数的乘积。然而,两者之间存在着矛盾的对立和统一的关系。当密度过大,单位面积株数的增加已不能补偿单株铃数降低的损失时,总铃数不但不能增加,反而减少;反之,若密度过小,单株铃数的增加已不能弥补单位面积株数减少的损失时,总铃数也减少。所以,争取最高总铃数必须使群体生产力和个体生产力相协调。

铃数的时间构成对总铃数的作用关系密切,只有三桃齐结、结构合理,才能高产。伏前桃数量不多,但它是保障棉花从营养生长优势稳定地转入生殖生长优势的关键。适当多产伏前桃,有利于棉株稳长,多结伏桃,所以生产上要强调带桃入伏。伏桃是构成产量的主体,所以争桃必须以争伏桃为中心,这是高产栽培的关键。秋桃是高产的补充,尤其是早秋桃。三桃的合理比例依棉区而异,长江上游为2:6:2,长江中游为1:6:3,长江下游为0:6:4或0:7:3。

(二)铃　重

铃重受温度与植株部位影响较大,尤其温度影响突出。温度越低,铃重越小,而铃壳则随温度下降而比重增大。部位的影响是同化产物供应状况和温度双重作用的结果。一般规律是中部 > 下部 > 上部,同一果枝上则第一果节 > 第二果节 > 第三果节。因此,提高铃重的关键首先是要使大部分棉铃的发育处于最适宜的温度条件下,至少在开花后50天内日平均温度不低于20℃。其次是努力提高内围铃的比率,因而,除正确运筹肥水外,也须注意使果节和果枝数协调。

(三)衣　分

衣分性状比较稳定,但温度对衣分也有一定影响,尤其是秋桃。热量充足时，不仅铃重高，而且纤维发育充实，衣分也高；热量不足时视下限温度的高低，影响有别。如果下限温度不影响种子的充实而影响纤维发育时，则铃重受影响小而衣分低；如果下限温度使种子和纤维发育都受影响时，则铃重和衣分都会下降。

七、棉花品质构成

（一）棉花纤维品质构成

棉花纤维品质主要由下列几项指标来衡量。

1. 长度　棉纤维的长度是指纤维伸直后两端间的长度，一般以毫米表示，是衡量纤维品质最重要的指标之一，纤维越长其品级和纺织品档次越高。棉纤维的长度有很大差异，最长的可达 75 毫米，最短的仅 1 毫米，一般细绒棉的纤维长度在 25 ~ 33 毫米，长绒棉多在 33 毫米以上。目前国内主要棉区生产的陆地棉及海岛棉品种的纤维长度，分别以 25 ~ 31 毫米及 33 ~ 39 毫米居多。

2. 纤维长度整齐度　纤维长度对成纱品质所起作用也受其整齐度的影响，一般纤维越整齐，短纤维含量越低，成纱表面越光洁，纱的强度越高。

3. 比强度　即纤维断裂比强度，是纤维品质中最重要的指标之一。比强度越高，其纺纱价值也越高。比强度为纤维试样受到拉伸至断裂时所显示出来的单位线密度所受的力，常用单位为 cN/tex（厘牛/特克斯）或者 g/tex。线密度为纤维单位长度的重量，它是纺织上常用来表示纤维粗细度的一种指标。

检测得到的纤维比强度，如果采用 ICC 校准，对纤维比强度优劣的基本评价是：小于 18.5 则很低；18.6 ~ 20.0 较低；20.1 ~ 22.4 中等；22.5 ~ 23.9 较高；24.0 以上则很高。如采用 HVICC 校准，二者的换算关系为：ICC 比强度 × 1.4 = HVICC 比强度。其比强度优劣的划分是：小于 25.9 则很低；26.0～28.0 较低；28.1～31.4 为中等；31.5～33.5 较高；33.6 以上则很高。

4. 马克隆值 指每英寸纤维的微克数或克数，用 μg/in 或 g/in 表示。马克隆值是纤维细度与成熟度的综合指标，它是对特定条件下一团棉花的透气性的度量。马克隆值越高，表示纤维越粗，成熟度越好；反之，则表示纤维越细，成熟度越差。根据马克隆值的大小可将其分为 3 个等级（图 2-3）：A 级为最佳范围，即马克隆值为 3.7～4.2；B 级为正常范围，即马克隆值为 3.5～3.6 和 4.3～4.9；C 级表示马克隆值较差，其值 < 3.4 和 > 5.0。目前，我国纺织部门中，还有不少单位仍然沿用纤维细度（米/克）和成熟系数作为纤检指标。

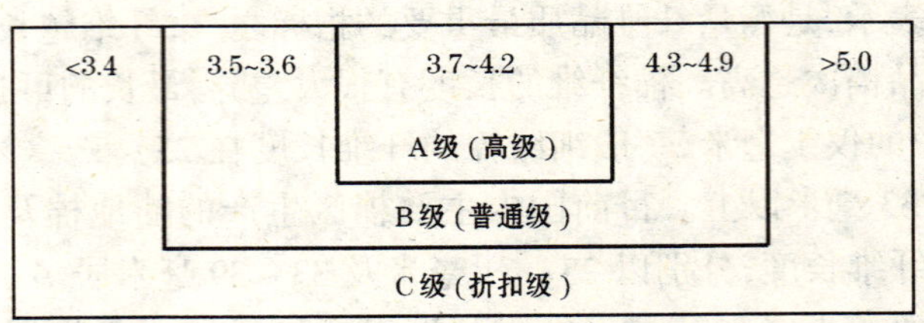

图 2-3　马克隆值分级范围

5. 伸长率 指纤维在外力作用下拉伸至断裂时纤维所增加的长度与纤维未拉伸前自然长度的百分比，用%表示。陆地棉纤维的伸长率一般在 7%左右。纤维的断裂伸长率越高，表示纤维抵抗外力拉伸后变形的程度越大。

6. 反射率 正常成熟的棉纤维其截面为椭圆中空，对光线有反射和折射能力。反射率是表示棉纤维对光的反射程度，用%表示。

7. 黄度 是评价棉花白度差别的物理指标，棉花的黄度越低则棉花的白度越好。

8. 环锭纺缕纱强力和气流纺品质指标 是根据棉纤维的纺纱品质对多项棉花纤维品质物理指标的综合质量评价。它们比较全面地反映了棉纤维的纺纱价值，是很重要的综合品质指标。

（二）棉花原棉分级

棉花加工企业在收购棉花时，往往将棉花进行分等定级。目前，棉花等级由两部分组成，一是品级分级，二是长度分级。

1. 品级分级　一般来说，棉花品级分级是对照实物标准（标样）进行的，这是分级的基础，同时辅助于其他一些措施，如用手扯、手感来体验棉花的成熟度和强度，看色泽特征和轧工质量，依据上述各项指标的综合情况为棉花定级。

2. 长度分级　长度分级用手扯尺量法进行。手扯纤维得到棉花的主体长度（一束纤维中含量最多的一组纤维的长度），用专用标尺测量棉束，得出棉花纤维的长度。各长度值均为保证长度，也就是说，25 毫米表示棉花纤维长度为 25.0 ~ 25.9 毫米，26 毫米表示棉花纤维长度为 26.0 ~ 26.9 毫米……依此类推。国家标准规定：28 毫米为长度标准级；五级棉花长度大于 27 毫米，按 27 毫米计；六、七级棉花长度均按 25 毫米计。

品级分级与长度分级组合，可将棉花分为 33 个等级，构成棉花的等级序列。如国标规定的标准品是 328，即表示品级为三级、长度为 28.0 ~ 28.9 毫米的棉花（表 2-4）。

表 2-4　棉花等级分类

长度（厘米）	一级	二级	三级	四级	五级	六级	七级
31	131	231	331	431			
30	130	230	330	430			
29	129	229	329	429			
28	128	228	328	428			
27	127	227	327	427	527		
26	126	226	326	426	526		
25	125	225	325	425	525	625	725

GB 1103－1999 规定 328B 细绒白棉为标准等级，即表示品级三级、长度 28 毫米、马克隆值 B 级的细绒白棉。

(三)棉花纤维品质现状

1. 类型单一，匹配性差 多年的研究表明，我国陆地棉的纤维长度主要集中在 28～30 毫米，比强度主要集中在 20～22cN/tex，马克隆值主要集中在 4.3～4.9 范围。这样的棉花能满足纺 32～40 支中支纱的需要，但缺乏长度在 31 毫米以上、比强度在 25cN/tex 以上、马克隆值在 3.7～4.2 的纺 60 支以上高档纱的棉花。同时，也缺乏长度为 25～27 毫米的棉花，这样的棉花是纺低支纱(如牛仔布纱)的原料。目前，国内纺织业纺 60 支以上的棉纱所用的棉花主要依赖进口，纺低支纱则只能长棉短用，既浪费资源，又增加了纺织业的成本。另外，我国虽有一些棉花单项品质指标较好，比如长度在 30 毫米以上，但比强度却较低，马克隆值较高，即所谓匹配性差，只能按低品质指标的棉花使用。因此，目前我国的棉花还难以满足纺织工业的多种需求。相比之下，美国、印度等国的棉花纤维长度、比强度和马克隆值分布要宽得多，匹配性也好一些。

2. 品质混杂，一致性差 我国棉花品种多、乱、杂现象相当严重，一个地区种植多个品种的情况非常普遍。在收购和轧花时，不同品种和不同品质的棉花混在一起，从而造成品质混杂。有时，一个棉包里面的棉花等级与品质就差别很大，给纺织企业配棉带来很大困难。

3.“三丝”问题严重 主要是在棉花收摘、收购、包装、运输过程中混入化纤丝、麻棕丝、毛发等异性纤维。由于“三丝”与棉纤维性质不同，在纺织印染过程中出现缺陷，严重影响纱与布的质量，尤其导致出口产品退货，给纺织企业造成巨大损失。“三丝”很难与棉纤维分开，许多纱厂专门设人挑拣，每年增加成本几百万元，也难以保证质量。因此，有的企业宁愿出外汇高价进口棉花，也不愿使用国产棉。

4. 掺杂使假　个别棉花加工经营者受经济利益驱动，往棉包中掺入砖头、石块、废油、滑石粉、短绒、棉籽壳、不孕籽等杂物，不仅给棉纺企业带来很大经济损失，有的还损坏棉纱设备，造成停产事故。

5. 各生态区棉花品质差异大　黄河流域棉区大都实行了棉麦套种，棉花播种时小麦尚未收获，小麦播种时棉花尚未充分吐絮，生育期难以保证，导致棉花纤维成熟度差。长江流域中下游棉区马克隆值偏高，纤维偏粗；上游棉区皮棉色泽较差，反射率低。西北内陆棉区生育期短，棉花比强度低。

（四）我国棉花纤维质量目标

按照优势农产品区域布局规划的要求，优化棉花品种和品质结构，推进棉花生产由产量增长型向质量效益型转变；以提高棉花纤维强度为中心，重点发展市场需求强烈的陆地长绒棉和中短绒棉生产，满足纺织工业多元化的需求；大幅度降低棉花中“三丝”含量和有毒有害物质，全面提高棉花质量安全水平。

第一，按纺织工业需求调整种植结构，使陆地棉长绒（≥31 毫米）、中绒（28～30 毫米）和中短绒（25～27 毫米）棉花的比例由目前的 1:95:4 调整到 7:83:10，优质棉率（即长度、比强度和马克隆值相互匹配）达到 80%以上。“三丝”含量在 3 克/吨以下。

第二，在优势规划区，建设标准化生产示范区（基地）120 个，每个基地的植棉面积在 6 667 公顷（10 万亩）以上。在黄河流域棉区，建立适纺 40 支纱为主要原料的标准化生产示范基地。在长江流域棉区，建立适纺 50 支纱以上和 20 支以下原棉的标准化生产示范区（基地）。在西北内陆棉区，建立以纺 32 支纱为主要原料的标准化生产示范区（基地）。

第三，优势区域布局内的质量监控面达到 100%。对 10%的棉花加工企业实行逐包检验。

第四,创立棉花企业品牌30个,使80%的棉花企业品牌成为知名品牌。

八、棉花养分水分特性

(一)棉花对养分的需求数量

棉花是一种全营养型农作物,又是一种需肥量较大的作物。根据生产实践和科学研究测定,每生产100千克籽棉,需要纯氮5千克、五氧化二磷1.8千克、氧化钾4千克,氮、五氧化二磷、氧化钾之比约为1:0.36:0.8。也有报道指出,每生产100千克皮棉,需要吸收氮10~18.5千克、五氧化二磷3.5~6千克、氧化钾13~16.5千克,吸收氮、磷、钾三要素的比例大致为3:1:3。因此,中等肥力水平的棉田要实现每667米^2(1亩)100~120千克皮棉产量,一般需施入纯氮12~15千克、五氧化二磷4~5千克、氧化钾8~10千克。氮、五氧化二磷、氧化钾之比约为1:0.3:0.6。但是不同棉区的棉花对养分的需求量以及需求比例有很大区别。根据新疆的生产实践和实验研究,棉花施肥的氮、五氧化二磷、氧化钾之比,南疆为1:0.3~0.35:0.12~0.14,北疆为1:0.4~0.45:0.18~0.2。

棉花对微量营养元素硼、锌的需要量较大。根据研究测定,每生产100千克皮棉,棉花需要吸收镁1.29千克、硫1.86千克、硼9.4~10.8克、锌2.4~7.2克。另有研究指出,每生产100千克籽棉,需要吸收钙36克;棉花每形成1000千克干物质,需要吸收铁106克、硼15克、锰14克、锌16克、钼0.77克。因此,棉花的正常生长发育还需要吸收其他微量营养元素。所以,要根据当地土壤养分含量水平,适当补充养分。如新疆棉区已广泛施用硼肥和锌肥,硼和锌均能促进棉株对氮、磷、钾的吸收和积累。试验还表明,施用硼肥和锌肥，可使棉花实现早发、早现蕾、早结铃、早吐絮。

（二）棉花对氮、磷、钾的吸收时期

棉花对上述营养元素的吸收是分阶段进行的，表现为前期慢、中期快、后期又慢的吸收特点。另外，不同生长发育时期，棉花对不同营养元素的吸收量也不同。

1. 出苗至现蕾 这个时期的棉株体小，叶面积也较小，光合作用产物少，吸收氮的数量相对也少。但氮素代谢较旺盛，棉花一生中的含氮水平以这个时期为最高，碳水化合物绝大部分用于合成蛋白质，形成叶与茎的结构物质，部分氮则运往茎内以可溶性盐贮藏起来。氮素在叶内的比例比在茎内大。可见，此时营养物质主要用于叶的生长，茎部的可溶性氮含量较高，主要起贮藏作用。这个时期，含糖量水平是较低的，棉株因碳水化合物的限制而生长缓慢。棉株含氮量占养分积累总量的4.5%，而含磷量为3.1%，比氮的积累低。棉苗含钾量占4.1%，与氮的变化趋势相同，在苗、蕾期均较高。

2. 现蕾至开花盛期 这个时期是棉株生长最快的时期，茎叶增多，体内碳水化合物含量上升，达到一生中的第一次高峰。同时，根系也基本建成，吸收养分的能力大大增强，碳的同化和氮的吸收都达到较高水平。养分的合成利用，开始转到营养生长和生殖生长并进时期，而仍以营养生长占优势。这个时期棉株含氮百分率逐渐下降，平均保持在2.46%，棉叶的含氮量已大为下降。与此同时，棉株含糖量随生育的进展而明显增高，全期平均为14.09%，其中茎占主要部分。这个时期，碳、氮代谢达到了最旺盛时期，正确掌握这个时期的养分供应，对增保蕾铃至关重要。由于叶面积逐渐接近最大时期，碳的代谢达到最高峰，这时如果氮素供应过多，将碳水化合物过多地用于合成氮化合物，促进营养器官过度增长，常会引起棉株徒长，增加蕾铃脱落，因而棉花生育前期要

避免施用过多氮肥。棉株顶部叶片的含钾量以蕾期为最高，进入花铃期后迅速下降。增施钾肥，可提高茎叶中含钾量，对茎中含钾量的提高尤为明显。

3. 开花盛期至始絮期 这个时期棉株的营养生长高峰已过，转入生殖生长占优势。这时棉株体内营养物质主要供棉铃生长，新叶出生减少，原有叶片逐渐衰老，中下部叶片由于荫蔽，光合效能降低。因而这时棉株含糖量开始从盛花期的高峰逐渐下降，至吐絮期降到近 10%。茎部贮藏的糖分大多为棉铃所用，其含量也迅速下降。后期则以单糖直接供给棉铃形成所需为主。这时根部得不到地上部碳水化合物的供给，吸收能力逐渐减弱，使氮功能也急剧降低，反过来又影响地上部的生长。这时棉株含钾量也有所下降。在大量结铃时期，生殖器官中磷和钾的含量迅速增加。磷、钾供应不足，均会影响对氮素的摄取。

4. 开始吐絮至收花结束 这个时期棉铃的生长成为营养供应中心，营养器官所含养分逐渐降低，而生殖器官中所含养分不断提高，氮、磷、钾养分从营养器官向生殖器官转移，以再利用的方式供给棉铃生长。

以棉花一生吸肥总量作为 100%，各生育时期吸肥百分率分别为：苗期吸收氮占 5%，磷占 3%，钾占 2%；现蕾至始花期吸收氮占 11%，磷占 7%，钾占 9%；始花至盛花期吸收氮占 56%，磷占 24%，钾占 36%；盛花至吐絮期吸收氮占 23%，磷占 52%，钾占 42%；吐絮至拔节期吸收氮量占 5%，磷占 14%，钾占 11%。由此看出，棉花在花铃期吸收氮、磷、钾总量的 80%，吸收氮的高峰期在花期，吸收磷、钾的高峰期在铃期。

（三）棉花对水分的需求

棉花对水分的需求因各生育时期的不同而异。大体上说，苗期少（占总耗水量的 9%），蕾期渐增（13%），花铃期最多（56%），吐絮以后又减少(22%)。土壤湿度根据不同生育时期,以维持土壤田间持水量的60%～80%为宜。棉花的需水量受气候、土壤及农业技术措施的影响,各地差异较大。例如,新疆南疆气温高,棉花生育期长,需水量比北疆多。

九、棉花安全生产知识

(一)棉花安全生产概念

棉花安全生产,是指在棉花生产过程中避免对劳动者、对环境、对产品以及对棉花自身的健康发展,构成一定程度的潜在的或现实的安全隐患或威胁。棉花安全生产包括以下4个方面。

1. 人身安全　是指在棉花生产(如耕地、打药、施肥、收获等)过程中,防止发生危害劳动者人身安全的现象。如防止农药中毒和中暑等。

2. 环境安全　是指在棉花生产过程中,所投入的物质或劳动,不给环境(土壤、水体、环境生物)造成污染。如防止肥料、农药、地膜、耕作等对环境的污染,防止水体富营养化、土壤残膜污染等。

3. 产品安全　是指在棉花生产管理过程中,防止所投入的物质(农药、植物生长调节剂等)转移贮存在棉花产品(如棉籽)中,不使使用者健康或安全受到威胁。如控制农药残留等。

4. 生产安全　是指在棉花生产过程中,防止由于管理措施(如农药选用产品、使用时间、方法、次数、时期、浓度等)不当,给棉花植株的正常生长发育造成伤害。如防止除草剂对作物的危害,植物生长调节剂施用过重等。

(二)棉花安全生产知识及注意事项

1. 农药安全使用知识及注意事项

(1)购买农药注意事项　有以下5点。

①要购买有生产许可证号的农药。《农药管理条例》第14条规定:“国家实行农药生产许可制度。生产有国家标准或者行业标准的农药的,应向国务院工业产品许可管理部门申请农药生产许可证。生产尚未制定国家标准、行业标准但已有企业标准的农药的,应经省、自治区、直辖市工业产品许可管理部门审核同意后,报国务院工业产品许可管理部门批准,发给农药生产批准文件。”

②要到定点单位购买农药。《农药管理条例》第18条规定:“下列单位可以经营农药:供销合作社的农业生产资料经营单位,植物保护站,土壤肥料站,农业、林业技术推广机构,森林病虫害防治机构,农药生产企业,国务院规定的其他经营单位。经营的农药属于化学危险物品的,应当按照国家有关规定办理经营许可证。”《农药管理条例实施办法》第20条规定:供销合作社的农业生产资料经营单位,植物保护站,土壤肥料站,农业、林业技术推广机构,森林病虫害防治机构,农药生产企业,以及国务院规定的其他单位可以经营农药。农垦系统的农业生产资料经营单位、农业技术推广单位,按照直供的原则,可以经营农药。

③注意查看农药产品的标签。《农药管理条例》第16条规定:“农药产品包装必须贴有标签或者附说明书。标签应当紧贴或者印制在农药包装物上。标签或者说明书上应注明农药名称、企业名称、产品批号和农药登记证号或者农药临时登记证、农药生产许可证号或者农药生产批准文件号以及农药的有效成分、含量、重量、产品性能、毒性、用途、使用技术、使用方法、生产日期、有效期和注意事项等;农药分装的,还应当注明分装单位。”

④不要购买假农药和劣质农药。所谓假农药,根据《农药管理

条例》第31条的规定，是指：以非农药冒充农药或者以此种农药冒充他种农药的；所含有效成分的种类、名称与产品标签或者说明书上注明的农药有效成分的种类、名称不符的。所谓劣质农药，根据《农药管理条例》第32条的规定，是指：不符合农药产品质量标准的；失去使用效能的；混有导致药害等有害成分的。

⑤不要盲目购买农药。应对想要购买的药品有所了解，如果是到专业机构或指导机构购买，要适当参考技术指导人员的指导。对于作物病虫害辨别不清时，要携带样品到相关机构鉴定后购买药剂（一般建议到植保部门购买，这样可以顺便咨询病虫害的具体情况，然后买药，不会收取鉴定咨询费）。

对于同样成分的药剂，如果价格不是差得太多，尽量购买大厂家的产品。

（2）贮存农药注意事项 有以下3点。

①贮存的地点一定要保证安全。应按产品说明妥善贮存。要放置在儿童或其他人员不易接触到的地方，严禁将药品贮藏于卧室、餐厅等地方，尤其是易挥发的高毒农药，一定要谨慎。

②防止不同农药混合和农药与化肥混放。就农药而言，有碱性和酸性之分，二者不宜放在一起，有的农民朋友把没用完的几种农药倒在一个瓶内，如果是性质不同的农药就会起化学反应而变质，失去原来的药效。如将农药和碳铵放在一起，因为碳铵受热后起化学反应成为氢氧化铵，一遇农药，就会导致农药失效。

③农药不得受潮和日晒。农药应放在通风干燥的地方。否则，液体农药受潮后，易成固体沉淀失效，粉剂状农药逐渐结块而变质。农药不可在阳光下曝晒，曝晒后可能引起爆炸。

（3）使用农药注意事项 有以下6点。

①一定要向技术人员咨询使用方法。比如何时使用，可否与其他药剂混用，施用技术，包括一些注意事项，一定要问全。

②一定要掌握好用量。要仔细阅读产品说明书，然后根据自

己的具体情况使用，最好不要超过说明书上标出的最大用药量，否则安全没有保障。

③喷雾器要分开使用。比如喷施过2,4-D丁酯的喷雾器，即使刷了又刷，再去打棉花，结果导致棉花药害。这样的事例屡见不鲜。

④施药一定要采取安全防护措施。农药不是只有口服才能致人中毒，皮肤接触、气体吸入都会导致中毒事件的发生。所以，不得用手直接接触药剂，夏季一定不能赤膊打药，要做好一切防护措施。施药时如有身体不适，比如恶心、头晕等，立即停止劳作，带上药品包装去医院诊治。

⑤施药人员应符合条件。施药人员应是身体健康的青壮年，并经过技术培训，掌握安全用药知识和具备自我救护技能。以下10类人员不宜喷施农药：癫痫病人、感冒病人、皮肤病人、恢复期患病者、心脏病患者、肝炎患者、三期（哺乳期、孕期、经期）妇女、肾炎患者、对农药过敏者、未成年人。

⑥防止污染环境。不得在水源附近稀释农药，不得将药品包装随意乱丢。

(4)化学农药的几点常识

①农药标签应提供的基本内容：产品的名称、含量及剂型；产品的批准证号；使用范围、剂量和使用方法；净含量；生产日期和质量保证期；毒性标志；注意事项；贮存和运输方法；生产企业的名称和地址；农药类别特征、颜色标志带；象形图（标签口应使用有利于安全使用农药的象形图）；对消费者有帮助的产品说明、有效期内商标、质量认证标志、名优标志、有害作物和防治对象图案等。

②农药标签上颜色标志带的含意：各类农药采用在标签底部加一条与底边平行的、不褪色的农药类别特征颜色标志带，以表示不同类别的农药（卫生用农药除外）。除草剂为绿色，杀虫（螨、软体动物）剂为红色，杀菌（线虫）剂为黑色，植物生长调节剂为深黄

色,杀鼠剂为蓝色。这样可以帮助使用者区别不同类别的农药,避免误用造成损失。

③国家明令禁止生产和使用的农药:到目前为止,已经禁止使用的农药品种有砷、铅类无机制剂、汞制剂、普特丹、培福朗、艾氏剂、狄氏剂、内吸磷、二溴氯丙烷、二溴乙烷、敌枯双、六六六、滴滴涕、杀虫脒、氟乙酰胺、毒鼠强、除草醚、毒杀芬、毒鼠硅、甘氟、氟乙酸钠等。

自2007年1月1日起,撤销含有甲胺磷、甲基对硫磷(甲基一六〇五)、对硫磷(一六〇五)、久效磷、磷胺等5种高毒有机磷农药的制剂产品的登记证,全面禁止其在农业上使用。

④都尔除草剂的改型:72%都尔乳油是瑞士先正达公司在中国销售的农药产品,是优秀的旱地芽前土壤处理除草剂。为什么现在市场上购买不到了?该公司为了进一步提高该产品的除草效果和安全性,从去年开始推出了升级产品96%金都尔乳油,同时停止销售72%都尔乳油。

2. 肥料安全使用知识及注意事项

(1)常用肥料判别方法

①碳酸氢铵:外观形态为结晶小颗粒,白色(含有杂质的呈微黄色),有浓烈的刺鼻氨味。能完全溶解于水中,利用pH广泛试纸检查溶解后的碳酸氢铵水溶液,pH试纸呈现深蓝色。

②尿素:含氮量高于46%,是氮素肥料中含量最高的。外观为颗粒状(分为大颗粒和小颗粒两种)。一般呈现白色,含有杂质的呈微黄色。尿素没有任何气味。溶解于水,溶解时从外界吸收热量,用手触摸用于溶解尿素的玻璃杯,手有冷或凉的感觉。要鉴定是不是尿素,可把铁片烧红后,将待鉴定的氮肥少量放在其上,肥料边熔化边冒白烟(不燃烧),并放出刺激性氨味,熔化完后铁板上无残烬即是尿素。

③过磷酸钙:属于水溶性磷肥,主要有效成分为磷酸一钙。

磷酸一钙能够溶解于水中。产品中还含有许多副产品成分，其中有游离的硫酸、磷酸等，所以水溶液呈酸性。过磷酸钙肥料只有部分能溶于水中。颜色一般呈灰白色，个别呈深灰色。形状一般为粉末状，部分为颗粒状。用手捻一捻肥料样品，手上感觉涩涩的，并且用鼻子闻时，感觉肥料散发出酸味，那么该磷肥就是过磷酸钙。

④钙镁磷肥：在水中不溶解，颜色呈现暗绿色、灰褐色、灰黑色，形状为粉末状，没有任何味道。

⑤氯化钾：外观为结晶体，有红色氯化钾和白色氯化钾两种，个别的氯化钾呈灰白色或浅黄色。氯化钾很容易溶解于水。在潮湿的天气条件下，氯化钾肥料暴露在空气中过夜，容易吸湿而溶化。将少许氯化钾放在铁片上，将铁片倾斜，使肥料在酒精灯上燃烧，能观察到紫色火焰。

⑥复混(合)肥料：所含的养分至少包括氮、磷、钾三种元素中的两种。外观为颗粒状，颜色多为灰色、灰白色、杂色、彩色等。产品大部分能溶于水。样品灼烧时能放出刺激性的氨味，在火上灼烧时具有钾离子特有的紫色火焰。

(2)购买肥料注意事项

①要做到“四看”：一看化肥经营者的经营资格，是否有经营化肥的营业执照等合法手续。选择有合法手续、有规模和有信誉的商店或生产厂家购买。二看产品合格证、肥料检验单，并索取购销凭证(以备出现肥料质量纠纷时用)。三看肥料标志，分清肥料类别和性质，了解肥料的养分含量、用途、用法、注意事项。四看肥料企业是否办理了有关手续。复混肥料要办理生产许可证、省级肥料登记证等。

②包装材料应符合要求：外袋为塑料编织袋，内袋为薄膜袋，也可用二合一复膜袋。碳铵不用复合袋包装。如用复合袋包装，钙镁磷肥和硝酸铵则要用三合一袋(塑料编织袋/膜/牛皮纸)包

装,钙镁磷肥也可用二合一袋(塑料编织袋/牛皮纸)。凡包装材料不符上述要求的,都可能是假冒伪劣产品。

③包装袋上应有完整标志:包装袋上应标明有肥料名称、养分含量、等级、净重、执行标准号、生产厂名、厂址、质量合格证,有的还应有肥料登记证、生产许可证号等。如果上述标志没有或不完整,有可能是假冒伪劣产品。如果是散装肥料(过磷酸钙、磷矿粉等),因其养分含量不能从外表鉴别,要索取厂方质量保证书,最好先送质检部门检验后按质论价购买。

另外,还要注意包装是否完好无损,如发现拆封痕迹、重封迹象或使用旧包装,一般不要购买。肥料名称不能出现“××王”“××晶(精)”“××宝”“××灵”等字样。

④注意养分含量:养分含量主要指氮、磷、钾含量。如果产品中添加中量元素(硫、钙、镁、钠)或微量元素(铜、锌、铁、锰、钼、硼),应分别单独标明各个中量元素的含量及总含量、各个微量元素的含量及总含量。不能出现氮+磷+钾+硫+钙+镁+钠+铜+锌+铁+锰+钼+硼≥58%、85%等标法。

⑤产品添加物应与原物料混合均匀:产品中有添加物时,必须与原物料混合均匀,不能以小包装形式放入包装袋中。

⑥应注意索要并保留购肥凭证:购肥凭证是发票或小票,票中应注明所购肥料的名称、数量、等级或含量、价格等内容。如果经销单位拒绝出具购肥凭证,可向农业行政执法部门或工商管理部门举报。

⑦保留样品备检:如果购肥半吨以上,最好留有一袋不开封作为样品,等待当季作物收获后没有出现问题再自行处理。

(3)购买复混肥料注意事项

①依土壤性质科学选用复混肥料:北方地区土壤 pH 值一般为 8 左右,呈微碱性。应选用化学酸性氮磷复混肥料,如腐殖酸类氮磷钾复混肥料、氮磷复混肥料。南方地区土壤 pH 值一般为

4.5～6,呈弱酸性。适于选用高钾高钙的化学碱性复混肥料。

②依作物品种科学选用复混肥料：一般大田作物选用氮磷复混肥料,小麦或高产吨粮田应选用氮磷钾三元复混肥料。蔬菜尤其果菜和根菜类及果树等经济作物需钾较多,应选用含高钾低氮的氮磷钾复混肥料,不仅增产而且有利于改善作物品质。

③依复混肥料性质科学选用复混肥料：国家标准规定复混肥料的指标要求:高浓度、中浓度、低浓度氮、磷、钾总养分分别为≥40%、≥30%、≥25%,不包括微量元素和中量元素。此外,复混肥料中的钾的形态通常有氯基和非氯基两种。氯基钾肥(氯化钾)含有氯,对忌氯作物如葡萄、马铃薯、烟草、甜菜等不宜施用;在非忌氯作物幼苗上施用要适当远离根部,以免烧苗。标有含硝态氮的肥料,在水田慎用,以免硝态氮损失。含氯基钾肥要求包装袋必须标明含氯。对于以硫酸钾和硝酸钾等非氯基钾肥为基础原料的产品,包装袋上可不标含氯,但氯离子含量不得大于3%,忌氯作物可选用此类产品。

④依施肥方法科学选用复混肥料：为提高复混肥料的肥效,不同施用方法应选不同剂型复混肥料。作基肥施用时必须选用颗粒状复混肥料,颗粒的硬度越高越好,而且选用复混肥料中氮素是由铵态配成的,有利于提高氮素的利用率。如作追肥施用,则应选用水溶性磷占有效磷百分率大于40%的复混肥料,氮素则以由铵态氮和硝态氮两种类型氮组成的复混肥料为宜。一般基施腐殖酸类复混肥料的效果优于追施。

(4)肥料混合施用注意事项　各种肥料的化学性质和物理性状不同,不是任何两种肥料混合施用都是有益的。有的肥料混合会发生化学反应,引起有效成分损失或有效性降低;有的肥料混合后会使肥料的物理性状变差,降低有效性或不方便施用。只有混合后不发生上述两种情况,才能混合施用。下面谈几点具体混施原则及注意事项。

①化肥与化肥混施：尿素与磷酸铵、硫酸铵、氯化铵、硫酸钾，硫酸铵与过磷酸钙、磷酸铵、氯化铵、硝酸铵、硫酸钾、氯化钾，氯化铵与过磷酸钙、磷酸铵、硝酸铵、硫酸钾、氯化钾，碳酸氢铵与硫酸钾、氯化钾混合，不会引起不良的物理、化学变化，可以混合施用。

尿素与氯化钾混合后容易吸湿结块，尿素与过磷酸钙颗粒肥料混合后也容易吸湿结块，所以这两种肥料混施要选择晴天(阴天空气湿度大)，并且随混随施，不要混合后放置时间过长。硝酸铵与过磷酸钙颗粒肥混合比尿素与过磷酸钙混合吸湿性更强，所以更要选择晴天施肥，随混随施。过磷酸钙是用硫酸处理磷矿石而制成，其中含有一定量的硫酸和磷酸，它的水溶液对金属有腐蚀性，如果使用机械施用上述含有过磷酸钙的混合肥，一定要做到每天清扫肥箱，否则肥料吸湿后会锈蚀金属部件。

碳酸氢铵、硫酸铵、硝酸铵、氯化铵都是铵态氮肥，它们的共同特点是氮素营养呈铵离子状态存在，铵离子遇到碱性物质极易还原成氨分子挥发，所以铵态氮肥不能和石灰氮、石灰、钙镁磷肥等碱性肥料混合施用。过磷酸钙和重过磷酸钙也不能与石灰氮、石灰等碱性肥料混施。在碱性条件下，磷酸根离子能与钙离子结合，转化为难溶解的钙盐，降低磷的有效性。

②有机肥与化肥混施：磷在土壤中移动性小，容易被土壤固定。将过磷酸钙和堆肥或厩肥混合，集中沟施或穴施，可以避免土壤和肥料接触，减少土壤对水溶性磷的固定，是一种有效的和常用的施肥技术。把磷矿粉与作物秸秆、杂草、树叶、生活垃圾或垫圈草粪混合，制作堆肥，也是一种好的混施方法。堆肥发酵过程中产生的有机酸，可以促进难溶性磷溶解，提高磷肥有效率。

草木灰的主要营养成分是钾元素，多以碳酸钾、硫酸钾形态存在，pH 值 10 左右，呈碱性。所以不能和前面提到的铵态氮肥混施，也不能与人粪尿、堆肥、厩肥混施，否则会造成氮素损失。石灰和钙镁磷肥也是碱性肥料，同样不能和腐熟的有机肥混施。

③生物肥料的混施：生物肥料是一类含有活性微生物的肥料制品，其有效成分有的是细菌，有的是放线菌，有的是真菌，也有的是几种菌的混合物。一般情况下，不同的生物肥料可以混合施用。生物肥料可以和有机肥混施，也可以和微量元素肥料混施。但是生物肥料不能与化肥混施。因为大多数化肥的水溶液会抑制或杀伤活菌体，降低生物肥肥效。同样的道理，生物肥料也不能与杀虫剂、杀菌剂混用。

(5)肥料与农药混合方法及注意事项　随着农业现代化的发展，化肥、农药种类日益增多，施用技术不断提高，化肥与农药的合理混合使用，可达到提高工效、肥效和药效的目的。

①混合使用的原则：一是混合后不减低肥效和药效，二是混合后对作物无害，三是混合后性质稳定，四是混合者的施用时间、部位必须一致。

②肥料与除草剂的混用：肥料与除草剂混合使用的方法很多，其中根外追肥是某些除草剂和肥料混用比较有效的方法。但除草剂与有机肥料一起施用时，常会降低除草效果。其原因一方面是由于有机质吸附除草剂，另一方面在有机质较多的情况下加强了微生物对除草剂的分解，故两者最好不要混合使用。

③肥料与杀虫剂的混用：目前与肥料混用的杀虫剂主要是防治地下害虫的农药，如具内吸作用的有机磷农药和氨基甲酸酯类等。常用的肥料有过磷酸钙、有机肥等。

3. 农业机械安全使用知识及注意事项

(1)购买农业机械注意事项

①要选择国家正规企业生产的产品：最好是购买名牌产品或经过有关部门认定和推荐的产品，从而保证产品质量，防止假冒伪劣。另外，还应到具有一定销售历史和规模的商家购买，以得到企业信誉和售后服务能力的保证。

②购买时要与销售者一起当面验货，察看随机文件资料是否

齐全：主要是产品合格证、农业机械推广鉴定证、“三包”服务卡、产品说明书和保养手册等。机身的显著位置贴有菱形的农机推广鉴定证证章；机身上应有铭牌标志，内容包括农机的主要参数，机身(底盘)号码，生产厂家名称、地址，执行标准代号。检查所购产品随机工具、附件、备件与装箱单是否一致。进行试运转，注意观察机具性能和外观质量。检查所购买产品是否具有产品合格证、使用说明书、“三包凭证”及有关技术资料。

③向销售者索要购机正规发票：这是“三包”服务的重要凭证之一。应向销售者了解产品使用、维护、保养的有关事项，问清产品实行的“三包”方式、维修地址和联系方法等。

④认真观察农机产品的外观情况：主要是从垂直和水平两个角度观察整台机器有无变形，整机外观有无缺漆、严重划痕、鼓泡现象。检查农机各处零部件是否完整无损、无误，是否安装规范。

⑤要进行开机试验：了解机动性能是否良好，发动机工作时运转是否平稳，燃烧情况和发动机声音是否正常，方向、刹车、油门等是否灵敏可靠。高速运转的农业机械要特别注意机器滚筒的平衡情况，带有压力容器的机器应通过试验，了解它的液压泵压力能否达到规定值，安全阀作用是否正确，管道与接头是否有泄漏等。

(2)农业机械使用前注意事项

①要认真阅读使用说明书：正确掌握维修、保养、使用农业机械的要领和安全事项，严格按照说明书的要求进行操作。

②积极参加当地农机管理部门组织的技术培训：学习有关知识技能，提高技术水平。购买驾驶拖拉机等农业机械时，必须参加培训、考试合格并取得相应证件后方可驾驶操作。

③安全作业：按照机具本身的性能和农业机械作业安全操作规程进行作业，不准超载、超速，不超时、超负荷作业。

④及时对机具进行调整、保养和检修：经常对运转部位进行润滑，及时清理更换“三滤”，定期更新润滑油、液压油；对转向器、制动器、液压部件等部位连接件进行检查坚固；针对不同的作业对象和环境对机具有关部件进行调整，保持机具良好技术性能。

⑤不要擅自对机具进行改装：特别是不要对使用说明书规定不许自行调整拆卸的部位和明显有碍安全的地方进行改动，比如增加配套发动机的功率、改变动力传动比提高运转速度、加大装载量等。

(3)机具发生故障和事故时应注意事项　在“三包”有效期内发生故障需要维修时，应凭发货票和“三包”凭证到指定维修点进行修理，并要求修理者在“三包”凭证中记录维修情况和时间。

所购买机具在外地作业发生故障难以到指定维修点进行修理时，应及时与销售者联系，说明情况，协商维修事宜。如果对方同意在外地修理，要开具维修发票，需要更换零件时，应将损坏的零件妥善保存，以此作为证明。

因产品质量问题发生事故，首先要注意保护现场，及时取证(照片、录像、录音等)，并与销售者取得联系，要求其到现场确认有关情况；同时邀请农机管理、质量技术监督部门到现场查看，必要时对产品进行封存、鉴定，并出具书面证明材料；如造成人员伤亡，须向公安机关报告，由公安机关对事故进行现场勘察、取证后并出具证明材料。

(4)使用新拖拉机注意事项

①拧紧连接件：拖拉机出厂时虽然经过工厂检验，但是在反复转运过程中，机器难免出现连接松动现象，因此应及时拧紧各种连接件和紧固件，特别是转向系、制动系、悬挂和车轮等部位。

②检查液面高：主要是检查燃油箱油面、水箱水面、变速器和后桥润滑油油面以及蓄电池电解液液面高度。发现液面不足时，应及时添加液料。

③正确用机油：在使用前，要检查油底壳内机油的数量，应不少于油标尺下刻线。如果拖拉机出厂时正值夏季，而买回来时是冬季，应更换成冬季用的机油，反之亦然。大型拖拉机上的机油滤清器的转换开关，应按季节或气温转到“夏”或“冬”的位置；有的制造厂为了避免油浴式空气滤清器油盘内的机油在转运过程中泼洒出来污染车体，而在出厂时未添加，买回来后应注意添加机油。

④磨合别松懈：就是让新机器的转速由低到高、负荷由小到大，通过循序渐进的运行过程，把齿轮、轴等摩擦面上的加工痕迹磨光而变得更加合缝。磨合对延长零件的使用寿命具有重要的作用，千万不要为了省油省事，忽视磨合过程，否则将会因小失大，造成机件提前损坏。

(5)农业机械使用时注意事项

①润滑系统的使用注意事项：主要是注意检查机油油位、选择机油油号和及时更换机油。

机油油位的检查。取出油尺，油位应在上下刻线之间。如果低于下刻线，会影响整台发动机的润滑，应当补充机油(上边有机油加油口)；如果油位高于上刻线，应将多余部分放出(下边有放油口)，因为机油过多将会出现烧机油等故障。

机油油号的选择。不同农业机械所配发动机要求使用机油的等级是不同的，要按照要求使用不同型号的机油。

机器的换油周期。对于新车来说，运转 60 小时时换新机油，以后每运转 150 小时将油底壳的机油放掉，加入新机油。要求在热车状态下换机油。

②燃油系统使用注意事项：柴油机号的选择。发动机要求使用 0 号以上的轻柴油，油号是 0 号、-10 号、-20 号、-35 号。油号也表示这种柴油的凝点，所选用的牌号要根据当地气温而定，保证所选用柴油的凝点比环境温度要低 5℃以上。

油箱下部是排污口，所以不要用空。每天作业以后将沉淀 24

小时以上的柴油加入油箱，并在每天工作前，打开排污口，将沉淀下来的水和杂质放出。

③冷却系统使用注意事项：冷却系统是保证发动机有一正常工作温度的工作系统之一。它包括防尘罩、水箱、风扇和水泵等。

冷却水位的检查。打开水箱盖，检查水位是否达到散热片上边缘处，如不足应补充，否则将引起发动机高温。

冷却水的添加。停车加满水后，启动发动机，暖车水箱的液面会下降，必须进行二次加水，否则将引起发动机高温。

发动机有3个放水阀，分别在机体上、水箱下和机油散热器下，结冻前必须打开3个放水阀把所加的普通水放掉。

④进气系统的使用注意事项：进气系统是向发动机提供充足、干净空气的系统。为了达到这个目的，进气系统安装了粗滤器，用以滤除空气中的大粒灰尘，保养时应经常清理皮囊内的灰尘。如果发现发动机排气系统冒黑烟，并且功率不足，应清理空气细滤器，拧下端盖旋钮，取下端盖，然后取出滤芯清理。一般情况下，用简单保养方法即可：放在轮胎上，轻轻地拍击以除去灰尘。一般每天要进行两次保养。

⑤农机使用“五忌”：

一忌机油累积加用。许多机手在机油需更换时，不是全部更换，而是向曲轴箱补充新鲜机油，使机油不断地“累积”，误以为这样做既保证了柴油机的润滑需要，又节约了开支。殊不知，机油在经过长期使用后已变质，杂质增多，润滑质量下降，此时即使补充新鲜机油，也不能使机油质量满足要求，致使机件磨损加快，大大缩短了气缸套、活塞等机件的使用寿命。同时，油中大量杂质会黏附于油道壁上，严重时会堵塞油道，从而导致抱轴、烧瓦等故障的发生。

二忌随意调整气门间隙。大多数机手不用专用工具检验，而是通过晃动气门摇臂的感觉来判断气门间隙的大小，即使真的“八九不离十”,也会对柴油机的工作造成影响。轻者耗油量增大,发动机功率下降;重者使活塞与气门发生撞击,甚至引发烂活塞、折连杆、断曲轴、打缸体等重大故障。

三忌长时间不清理排气管的积炭。大多数机手忽视对机车排气管道的维护,长期不清理排气管的积炭,结果使排气管道截面变窄,排气受阻,导致发动机耗油率提高,功率下降,出现“过热”现象。因此,在一般情况下,每季度应对排气管积炭进行一次清理,确保柴油机排气通畅。

四忌新机不磨合就投入负荷作业。购回新机后,除了对其进行检查和保养外,还必须严格按照出厂说明书规定的试运转程序进行磨合,转速由低到高,负荷由轻到重,以消除零件摩擦面凹凸不平的加工痕迹,使其表面光滑。有的机手买回新农机后,不按规定对机器进行试运转磨合就直接投入作业,致使机器的使用寿命大大缩短。

五忌作业前后不检查。许多机手对作业前后的检查根本不当一回事,致使农机在作业中零部件松动脱落,甚至伤害人体。因此,在农机作业前后,要细心停机检查各部位螺栓、螺母、垫圈、开口销等,松动的要及时拧紧,丢失的要及时补齐,磨损变形的机件应立即修复,严防因小失大。

⑥走出家用农机使用误区：近几年来,农用运输车迅速发展。但许多驾驶员对农用车缺乏正确认识和使用,造成机车故障增多,修理费用增高。这些使用误区主要有以下几种。

一是认识上轻视,事故频发。错误地认为农用运输车结构简单,速度慢,又大多行驶在人、车稀少的乡道上,所以就认为对农用运输车不必精心保养和操作,有毛病凑合用,超速、超载、超员更是家常便饭。然而,正是由于结构简单,决定了它的行驶性能不像汽车一样灵敏、完善和可靠。因此,轻视保养是机械安全事故多发的根本原因。

二是磨合不到位,寿命大减。有的车主和驾驶员误认为磨合试运转是多此一举,因此买回新车或大修后的机车不是不加磨合,就是马马虎虎地跑几圈就急忙走马上任,结果造成机车机件磨损加快,故障增多,效益下降,甚至铸成大患。

三是润滑不按时,磨损加剧。机车各部位的润滑不能按时、按部位进行,常常忽略一些不能立即表现出故障的润滑点,久而久之便酿成了大毛病。如油底壳、空气滤清器等的润滑部位不能按时按量注油而引发严重机械事故的现象屡有发生。

四是加油不分季,故障增多。有的机手不分冬、夏一律用同一牌号的润滑油,这样不但不经济,甚至使机械不能得到有效的润滑。例如,有一台农用运输车,驾驶员说启动总是困难,经检查,配气、燃油等系统均无故障。后查问是冬季难启动,春、夏季容易启动;冷车难启动,热车时容易启动。问题查清了,原因是冬季仍然用夏季用油,黏度大,阻力大,所以难启动。

五是操作不正确,损坏机件。有的驾驶员操纵变速杆时喜欢用大力,生怕挂不上挡,结果损坏了机件,造成事故;或制动力过大、过猛,易使机件损坏或制动失灵;或离合器踏板没踩到底,分离不清易打坏齿轮;或制动时不先收油门;或用手制动当紧急刹车使用。凡此种种都应当认真纠正。

六是出现异常不查明,因小失大。对机车出现杂音、烟色失常、功率下降、自由行程变化、油料消耗增多等变异,不及时查明原因加以排除,而是带病作业,进而使故障增大,最终会因“大病”而停车,甚至危及人、机安全。这种“小病”不及时治是机手常见的使用误区。

七是“三漏”不排除,故障屡出。“三漏”(漏水、漏油、漏气)现象,不仅影响机车的美观,而且害处很大。轻则浪费油料,功率下降,磨损加快,故障增多;重则引起机械和人身事故。轻视“三漏”也是驾驶员一大使用误区。

八是以废次充好，得不偿失。有的驾驶员为了省钱，将报废的或不合格的配件用来凑合使用。例如，将废机油又重新加到液压系统中，结果造成液压工作失常等毛病，实际上得不偿失。

九是启动不文明，危害不浅。机车启动时不摇车，或只在冬季摇车；或采用吊火、拉（推）车、溜坡、进气管加燃油等错误的方法启动；或冬季用明火烤车。这些做法应彻底根除。作业不按章，危及安全。超载、超速、超员、客货混装、酒后驾驶、疲劳驾驶、无证开车、驾车时说笑、精力不集中等违章行为，都是农用运输车使用中的大忌。

(6)农业机械维修保养注意事项　农业机械是一种技术含量高、结构相对复杂的专门化生产工具，所进行作业的工作条件比较恶劣，操作人员的使用技术水平和专业知识素质差别较大。同时，作为一种生产工具，随着使用期的延长，机械零部件也会正常磨损而引起使用性能下降，影响到正常使用。所以，农业机械的使用管理中缺少不了维修保养这个环节。

维修保养大致可以分成两部分内容：一部分是技术保养，即机手在使用过程中对机具能够做到的合理保管、日常检修、定期维护保养及正确的操作使用，这样可延长机具使用寿命，提高机具应用效果；另一部分是修理，即靠机手自身的条件和手段不能够解决的维修内容，如机具主要部件损坏的修复或换件修理，使用到一定期限后进行的中、大修及检测调整等，就必须到专门的农机维修服务网点或站、厂，请专业人员修理。

4. 农膜安全使用知识及注意事项

(1)购买地膜注意事项　主要有以下几点。

一是在选购农地膜产品时，应首先选择大中型知名企业生产的名牌产品，这些企业生产的产品质量有保证。

二是查看每卷薄膜内是否有产品合格证，包装上是否有生产企业的厂名、厂址、产品名称、生产日期、执行标准等。PE、EVA多功能三层复合棚膜外表面还应印有覆膜表面朝向。

三是选用超薄型地膜时,必选具有较高机械性能的产品。在选购地膜和覆盖地膜前,须做“横向平撕”检验,合格的地膜“撕裂口”布成横向直线型。另外,应按不同功能要求和作物生长发育特性要求选用相应的地膜。

四是选择棚膜时,应选择在使用过程中能承受大风、暴雨、冰雹袭击和大雪压力及覆膜作业拉力强、耐老化的棚膜。

五是使用寿命与多种因素有关。在其他因素变动不大的情况下,棚膜的使用寿命与其厚度有关。在 PE、EVA 棚膜中,流滴剂的添加量是有一定限度的。在流滴含量一定的条件下,棚膜的厚度与流滴持效期有关。棚膜厚度减小,流滴持效期缩短,其寿命较短。因此,应选择较厚的棚膜。

(2)地膜使用注意事项

①盖膜应注意投入与产出的比值:经济效益的高低,应以投入与产出的比值来衡量。在单位面积内,作物覆盖地膜后的增产值应该高于购买地膜的成本值,这样才能考虑采取地膜覆盖技术。

②地膜覆盖要因势因地制宜:作物地膜覆盖主要在于增温保湿、抗干旱、御低温,促使作物迅速生长发育。因此,地处温暖地带、光照条件好的地方可以不覆盖,因为这些地方盖膜的增产潜力不大;地处较低洼的田地也可以不盖膜,因盖膜后使土壤更加潮湿,会造成作物烂根而死亡。

③揭膜后应注意薄膜的回收和清理:当作物收获后,应尽快清理地膜,力争全部从田地中清除,否则残存在田土中的膜不降解、不腐烂,会妨碍作物出苗、生长,从而导致作物减产。

④揭膜后应注意田间管理:揭膜后要及时疏松土壤,铲除杂草,看苗施肥,防治病虫害,使作物增产增收。

(3)收藏地膜注意事项　可以概括为收、洗、晾、补、卷、藏、查七个字。

①收：育苗后应及时收集薄膜，小心轻揭，以免扯破。

②洗：把薄膜集中放在冷水里浸泡，及时清洗。忌用手揉搓和用棒捶打。

③晾：洗净后，应敞开摊放在阴凉通风处晾干，不要曝晒，并防止风吹刮破薄膜或内湿外干。

④补：晾干后贮藏前，将薄膜进行一次全面检查，如有破损的地方及时补好。方法是剪一块稍大于破损面的同质地的薄膜或地膜，加垫后互相补平、压紧、黏合，以提高利用率。

⑤卷：用一圆滑木棒作卷心，把薄膜铺平卷捆。每卷一层撒一层滑石粉，以防薄膜吸潮粘连。要注意卷捆时不要有皱褶，以利于来年使用。

⑥藏：有两种方法。一是地窖贮藏法。先选择一间干燥的空屋，在屋里挖一个比薄膜体积大的地窖，长短可依薄膜而定，将窖底垫上砖头防潮湿，放好膜后加盖板即可。另一种方法是将薄膜放置在楼上干燥处。

⑦查：地膜存放好后，要做到经常检查，以防鼠咬虫蛀等，发现问题应及时处理，这样才能确保薄膜不变质。

思考题

1. 试述我国棉花种植区域的划分。
2. 棉花的生育特性是什么？有哪些生育时期？
3. 棉花的根系生长发育时期及特点是什么？
4. 棉花的分枝类型和果枝类型各有哪些？
5. 简述棉花的叶片种类及其特点和生长过程。
6. 棉花现蕾开花的特点是什么？棉铃生长的特点有哪些？
7. 棉花蕾铃脱落的原因有哪些？如何减少蕾铃脱落？
8. 棉花种子萌发与出苗阶段对环境条件的要求有哪些？

9. 棉花产量构成的因素是什么?

10. 棉花的主要品质指标及含义是什么?

11. 棉花原棉分等定级的标准是什么?

12. 阐述棉花对主要营养元素的吸收利用时期。

13. 农药、肥料、农业机械、农膜的安全知识及注意事项有哪些?

第三章　棉花栽培技术

一、播前准备工作

(一)选用良种

1. 良种的概念　良种是经济学的概念,是相对的。它随着人们观念、习惯和需求的变化而改变,而后者又随时间和空间的变化而发生变化。一个品种,过去是良种,现在就可能不是良种了,时间相隔越长,这种可能性就越大;在某一地是良种,在另一地也可能不是良种,因为气候条件不同了。

一般来说良种应该包括两层含义:一是优良的品种特性,二是优良的种子特性。所以,农业生产上的种子质量通常包括品种质量和播种质量两个方面的内容。品种质量是指与遗传(品种)特性有关的品质,可用“真、纯”两个字概括。播种质量是指种子播种后与田间出苗有关的质量(种子特性),可用“真、纯、净、壮、饱、健、干、强”八个字概括。

真:是指品种与审定时确认的品种特性的符合程度。它反映种子真实可靠的程度,可用真实性表示。真的反义词是假。如甲乙两品种均为良种,但在甲品种的外包装上写成乙品种,或在乙品种的外包装上写成甲品种,则均属于假种子。如果种子失去真实性,不是原来所需要的优良品种,其危害小则不能获得丰收,大则会延误农时甚至颗粒无收。

纯:是指品种各个体的一致性。它反映品种整齐一致的程度,可用品种纯度表示。纯的反义词是杂。如果甲乙两品种均为良种，但在甲品种中混有乙品种的种子，或乙品种中混有甲品种的种子，则均为杂种子，品种纯度低。品种纯度高的种子因具有该品种的优良特性而可获得丰收。相反，品种纯度低的种子由于其混杂退化而明显减产。

净：是指本品种种子重量占总重量的比例。它反映种子清洁干净的程度，可用净度表示。种子净度高，表明种子中杂质（除本品种种子之外的一切非生命杂质及其他作物、品种和杂草种子的有生命杂质）含量少，可利用的种子数量多。净度是计算种子用价的指标之一。

壮：是指种子发芽出苗齐、壮的程度。可用种子发芽势、发芽率、生活力表示。发芽势、发芽率、生活力高的种子发芽出苗整齐，幼苗健壮，同时可以适当减少单位面积的播种量。发芽率也是种子用价的指标之一。

饱：是指种子充实饱满的程度。可用籽指（100粒棉籽的重量，克）来表示。种子结实饱满、籽指大，表明种子中贮藏物质丰富，有利于种子发芽和幼苗生长。种子籽指也是种子活力的指标之一。

健：是指种子健全完整的程度。通常用病虫感染率表示。种子病虫害直接影响种子发芽率和田间出苗率，并影响幼苗的生长发育和产量。

干：是指种子干燥耐藏的程度。可用种子水分百分率表示。种子水分含量低，有利于种子安全贮藏和保持种子的发芽力和生活力。因此，种子水分与种子质量密切相关。

强：是指种子强健，抗逆性强，增产潜力大。通常用种子活力表示。活力强的种子，可早播，出苗迅速整齐，成苗率高，增产潜力大，产品质量优，经济效益高。

种子是重要的农业生产资料。种子质量优劣不仅影响农作物的产量，而且影响农作物的品质。种子质量是决定种植业收成的关键。种子质量影响常常要到收获时才表现,会影响到农民今后持续一年的生活和经济效益。所以,种子质量与一般商品质量相比,其影响更长久、更深远、更广泛。若种子质量不高,往往是一大批,影响的面较广,直接关系到社会的稳定和人民的生活。因此,应充分认识种子质量的重要性。

2. 优良品种的选择　现在市场上的棉花品种非常丰富,对农民来说,这既是一件可以优中选优的大好事,也是一件难以决断的麻烦事。经常有农民抱怨:现在棉花品种太多,我们如何才能选用正确的优良品种。其实,挑选到合适的优良品种并不难,关键要把好以下六关。

一是要审查该品种是否通过正规审定。目前,我国农作物品种审定采用两级审定制度,即国家农作物品种审定委员会审定(即国审品种)和各省、自治区、直辖市农作物品种审定委员会审定(地审品种)。两级审定之间,只有品种适宜范围的区别,没有品种优劣的差异。也就是说,就某一个地方来说,并不存在国审品种优于地审品种的说法。因此,无须一定要选用国审品种,而关键是要审查该品种是否通过正规审定。所以,凡是经过省级或国家农作物品种审定委员会审定并给予正式名称的品种,都是优良品种。国审品种由农业部发布公告,地审品种由各省、自治区、直辖市农业厅发布公告。所以,要查看农业部或农业厅的公告。

二是要审查该品种适宜种植范围。任何新品种在通过正规审定之前,都要经过2~3年的区域试验和生产示范。试验点一般分布在全国或当地省有代表性的棉花主要生产地,品种在不同试验点的表现,就是限定该品种适宜种植区域的依据。所以,选择品种时,要仔细阅读农业部或农业厅发布的农作物品种审定公告中对该品种适宜种植区域的限定。我们只能选择适宜种植区域包括本地的品种,如果适宜范围没有包括本地,无论如何优良都不能选用。当然,公告中某品种的适宜范围只能写明某一区域,如湖北品种可能写明:适于在江汉平原种植,而不可能写明某县、某乡甚至某村。所以,我们要知道本地属于哪一个棉花种植区域。

三是要审查该品种的抗虫性。20世纪90年代,我国棉花生产遭遇棉铃虫为害灾难,损失惨重。随后,我国相继引进和培育出很多具有抗虫能力的棉花优良品种,以抗棉铃虫为主,部分品种可以兼抗其他害虫。所以,选用品种时,还要仔细阅读品种审定公告中关于抗虫性的介绍。当然,种植抗虫品种并不等于就不需要治虫了。

四是要审查该品种的抗病性。枯萎病、黄萎病,合称为棉花"两萎"病,是对棉花产量和品质影响最大的两个病害。对"两萎"病的防治,目前生产上还没有很有效的栽培措施,仍然依赖于抗病品种选育。但现有棉花抗病品种中,多数对枯萎病有一定抗性,部分品种对黄萎病只有一定的耐受性,兼抗"两萎"病的品种很少。所以,要仔细阅读农作物品种审定公告中对该品种抗病性的说明。枯萎病重的地区一定要选用抗枯萎病的品种,黄萎病重的地区一定要选择抗黄萎病(至少是耐黄萎病)的品种。"两萎"病兼有的地区要根据主次选择品种。无病区,可以选用适合于无病区种植的品种。

五是要详细了解该品种的生物学特性。品种生物学特性关系到种植密度、施肥水平、茬口安排、株行距配置等栽培技术措施。因此,选择一个新品种要详细阅读农作物品种审定公告中有关该品种生物学特性的描述。生物学特性包括株型、株高、熟性(生育期、霜前花率)、需肥特性等。此外,要明确该品种是杂交种还是常规种等信息。

六是要了解该品种通过审定的时间。任何良种都具有时间和空间的局限性,年代久远的品种,其生产力水平总是不如近年培育出的新品种高。一般来说,3~5年内审定的品种,是具有生产意义的。

3. 优良种子的选择　根据国家标准 GB 4407.1—1996 的规定，棉花种子分为棉花毛籽和棉花光籽两类，每一类又分成原种和良种两个等级（表 3-1）。符合上述标准的种子，都是优良的种子。

表 3-1　棉花种子标准　（%）

类别	等级	纯度	净度	发芽率	含水量
毛籽	原种	≥99.0	≥97.0	≥70.0	≤12.0
	良种	≥95.0	≥97.0	≥70.0	≤12.0
光籽	原种	≥99.0	≥99.0	≥80.0	≤12.0
	良种	≥95.0	≥99.0	≥80.0	≤12.0

棉花种子生产已基本实现了产业化，种子质量得到了很大提高，棉农无须自己选留种子，只需要到种子市场上去挑选合适的种子即可，这是一大进步。但许多棉农正是因为有了这样的选择可能而很难选择了。这里提出，在选购优良种子时应注意的几点。

一看生产商。种子质量好坏，与种子生产企业管理水平高低、技术力量强弱、企业信誉好坏、生产基地大小、资金雄厚与否以及企业发展理念等直接相关。也就是说，这些方面决定了种子生产商是否有能力、实力生产出合格的优良种子。因此，选购种子时，要充分了解种子生产企业的上述信息。

二看经销商。看种子经销（代理）商是否具有合格的资质，是否具有熟练的技术人员，是否具有足够的注册资金，是否具有完整的经营手续，也就是要看经销商是否具有足够的经营实力。因为种子经营风险很大，一旦出现问题，经销商是否有能力给予及时的赔偿，关系到棉农的直接利益。另外，还要看经销商是否有销售记录。如果有规范、完整的销售记录，说明经销商对自己的产品比较负责，对顾客的服务比较周到，这是经销商提供跟踪服务的依据。

三看包装袋。这里并不强调包装物的种类和形式，并不是听装一定比盒装好，盒装一定比袋装好。正常情况下，包装越精美、越高档、越复杂,包装成本就越高,种子销售价格也就越高。这里提到的包装强调三点:一是是否为真空包装。一般真空包装的种子质量较高,能保证规定的发芽率。二是是否有完整、清晰的信息说明。一般来说,种子包装袋说明应包括三方面的信息,即品种信息(包括品种名称、品种特性、适宜种植区域、生产性能等)、种子信息(包括发芽率、净度、纯度、重量等)、商业信息[包括品种选育单位、种子生产单位及其地址和联系方式(联系人)、经销单位及其地址和联系方式(联系人)等]。另外,这些信息是否清晰可见、是否有错别字、语句是否流畅,都是衡量种子包装质量好坏的标准之一。三是包装是否完好、光亮。包装破损的,有可能种子受损,发芽率不高;包装陈旧的,有可能是陈种子,发芽率也不会高。

四要索取并保存好发票。购买种子时,应要求经销商开具正规发票,载明购买日期、购买品种名称、品牌名称、购买数量、单价、金额、经手人等,还要加盖经销单位公章。发票要妥善保管,一是可作为自己的生产记录,二是一旦出现种子质量问题可作为索赔的依据。

(二)种子处理

1. 包衣种子处理 如果是包衣种子,则播种前不需要任何处理。播种时,直接播干种子即可。

2. 普通种子处理 如果是普通种子,则播种前需要做下列工作。

一是选种、晒种。为了确保苗全、苗壮,播前要对种子进行精选、晒种,并结合晒种进行精选,清除杂粒、秕粒、小粒、破粒和虫蛀粒。

二是硫酸脱绒。采用种子重量10%的硫酸进行脱绒。

三是种子处理。播前温汤浸种。方法是:在缸内加入70℃温水,水量为种子量的2.5倍,投入精选种子,充分搅动,保持水温在

55℃～60℃，浸种半小时，待种皮变软、子叶分层时捞出即可播种。播种时用呋喃丹或多菌灵等药剂拌种。呋喃丹拌种，每8～10千克种子用3%呋喃丹颗粒剂1.5～2千克；多菌灵拌种，每10千克种子用有效成分50克，浸种每千克种子用有效成分2.5克浸种24小时。

3. 自留种子处理 一般不主张自留种子。如果一定要自留种子，则要做好选种、收种、轧花、保纯、贮藏等工作，其余工作按照前面介绍的方法做。

（三）整地做畦

1. 田块准备 选择土层深厚、土壤肥力基础好、地势平坦、灌排条件良好的田块。

2. 营养钵育苗

（1）苗床地选择与耕整 应选择地势较高、排水便利、土壤肥沃、背风向阳、离棉田较近的地方建立苗床。注意选用无枯、黄萎病的新苗床，床向以南北向为好，一般苗床与大田比例为1:8～10。苗床地耕整要达到床面平、围沟直、土壤紧实。苗床宽1.3米左右，长度根据需要而定（一般15～20米），苗床四周开排水沟（沟宽30～33厘米）。

（2）钵土、盖籽土准备 按每667米^{2}大田备足肥沃的无枯、黄萎病的好土1.5米^3（禁止用陈墙土作钵土），添加磷酸二铵2千克、钾肥1千克（忌用鸡鸭家禽肥及尿素、碳铵，以免"烧根"死苗），与土壤拌匀，做到肥肥土、土肥苗。钵径不小于6厘米。大田制钵数量，应根据种植密度而定。一般是在计划密度的基础上，增加30%～40%的数量，作为弥补病虫危害损失以及补苗之需。钵土隔日浇透水分，达到手捏成团不出水、平胸落地即散的程度即可。摆钵前每667米^{2}用1.5千克呋喃丹拌细土均匀撒于床面，防治地下害虫。钵间摆成"梅花"形，以利于通风。

(3)竹弓、薄膜准备　按要求提前准备好足够的竹弓和薄膜。

3. 直播田整地、施肥、除草

(1)整地　秋作物收后及时深耕,机耕深度25厘米左右,畜耕深度20厘米左右,耕后细耙,以利于消灭害虫和接纳雨雪(也可进行冬灌)蓄足底墒,翌年早春顶凌耙耱,雨后耱平,做好保墒。新疆整地要求犁地、重耙切地。采取超前犁地或重耙切地晾垡3~5天,等地表泛白、墒度一致、不板结时方可整地。黏土地、胶板地采取适墒犁或耙,及时整地。犁地25厘米左右,重耙切地16厘米左右,耕深一致,犁后棉根和棉梢不能裸露地表,引渠支埂全部犁掉。新疆采用复式作业,一次整成,达到"齐、平、松、碎、墒、净、直"七字标准。

(2)施肥　基肥应以农家肥为主、化肥为辅,并注意氮、磷配合施用。结合整地每667米^{2}施优质腐熟农家肥5 000千克、碳铵40~50千克、过磷酸钙40~50千克,集中沟条施腐熟饼肥40千克。

(3)化学除草　每667米^{2}用氟乐灵100克对水40升,机械喷施,边喷边耙,耙深5厘米以上。也可播后垄面用43%甲草胺(拉索)乳剂100毫升,对水40~50升,均匀喷洒垄面,然后覆膜。

4. 移栽田整地施肥

(1)整地　移栽田整地,同直播田整地,没有特殊要求。

(2)施基肥　每667米^{2}施腐熟农家肥4 000~5 000千克或生物有机复合肥50~60千克,配施碳铵30~40千克、磷肥20~30千克、钾肥15千克。黄河流域棉区,每667米^{2}产100千克皮棉的棉田,每667米^{2}施粗肥4~5米^3、碳铵45~50千克、过磷酸钙60~70千克、硼砂0.5千克。

二、播种技术

棉花要坚持"三适播种",即适期播种、适宜播量、适宜播深。

适时播种是棉花一播全苗的关键。播种过早，棉籽在土里捂的时间过长易烂籽。播种过晚，推迟了生育进程。适宜播量是保全苗、育壮苗的重要一环。为提高播种质量，达到一次播种保全苗，要适当增加播种量。适宜播深：抗虫棉籽指偏小，种子生活能力较弱，播深宜浅。过深出苗困难，形成弱苗；过浅易落干或带壳出土。

（一）营养钵育苗

抢晴播种：春花地或麦套棉播期以 4 月上旬为宜，油后棉以 4 月 15 日左右为宜，要抢住冷尾暖头播种。播时以钵田无明水为好，种子横放，中午热床盖膜，但要避开 4 月初的寒潮。播种时必须掌握“钵湿、籽干（包衣籽）、盖籽土爽”。播后用湿润细爽土盖籽，并用木板轻拍，使钵土与种子充分接触吸水；盖籽土厚度 1.5～2 厘米（一指半厚）。盖籽后切勿大量浇水，以防止土壤板结。引膜支架时每 80～100 厘米插一根楠竹片，高 30～33 厘米，四周用土压实，并用绳索固定。

（二）露地直播

露地棉以 4 月 20～25 日播种为宜。在这个范围内，播期要服从墒情。墒情好的地块 4 月 20 日播种最适宜，墒情差的宜早不宜迟。新疆棉区播种质量要求：每穴下籽 2～3 粒达 90% 以上，空穴率小于 2%，播深 2～3 厘米，种子入湿土 1 厘米以上，孔眼覆土 1±0.5 厘米，错位率 2% 以下。

（三）直播地膜覆盖

一般掌握 5 厘米地温稳定通过 16℃，时间是 4 月 15 日左右。黄河流域棉区播前要造足底墒，精耕细耙，达到地面平整、土壤细碎、上虚下实无坷垃。地膜棉要在覆盖前施用除草剂。覆膜时要把地膜拉展铺平，四周用土压实，防止风揭膜。新疆棉区 5 厘米地温连续3天稳定通过12℃(膜内温度达14℃)即可播种,适播期为4月1~20日,最佳播期为4月5~15日。

黄河流域棉区,墒情好的地块推广机播,底墒好、口墒差的地块可采用人工点播后覆土镇压。地膜棉4月20日前播种的,先播种后盖膜,出苗后放苗;4月20日后播种的,既可先播种后盖膜,也可先盖膜后播种。总之,要因地制宜保证一播全苗。具体播种技术可采用足墒下种或起垄播种。

足墒下种。播前耕层土壤水分低于田间持水量的60%时,要在播前10~15天开沟适量浇水造墒或补墒,保证足墒下种。旱地应采取带水点播。

起垄播种。水地采用宽窄行种植,垄宽60~70厘米,垄高10厘米左右,每垄种双行,行距50厘米,垄距150厘米,垄面弧形,上虚下实,土壤细碎,无根茬。旱地微起垄,高5厘米左右,或不起垄。播深以3.5~4厘米为宜,不能过深或过浅。每667米^{2}播量:点播4千克,条播8千克。

播种后,垄面喷除草剂封闭即可覆膜。选膜规格因播种方式而定。双行选用线型低聚乙烯膜,幅宽80~90厘米,厚度0.005~0.008毫米;单行播种选用幅宽50厘米膜。覆盖时膜紧贴垄面,四周用土压实严封。膜上每隔3米用细土横向压5厘米宽土带,以防风揭膜。

三、播种出苗期管理

(一)营养钵育苗的管理

主攻水、肥、气、温,协调管理。一是高温出苗。重点是水分要足,播后紧闭塑膜,膜温保持30℃~35℃(不超过40℃)。当气温超过23℃、膜内床面发白时,则要浇水催芽,高温高湿出苗。二是通风炼苗。重点是控温，防止高温旺长线苗、灼苗。阴雨天防止雨渍苗。出苗 80% 时，揭开膜两端，通风降温。床温保持 20℃～25℃，不超过 30℃。齐苗后逐渐加大通风口，晚上盖膜。尤其是最高气温超过 25℃，更应抢晴揭膜晒床 1～2 天，晒至苗床表土发白，苗茎 1/3 发红，以防旺长线苗和高温烧苗。栽前 3～4 天，昼夜揭膜炼苗。三是调苗促壮。齐苗后看苗用瓢粪桶水浇苗，一叶一心时再浇施 1 次；栽前 5～6 天再用两瓢粪加 250 克尿素对一桶水施一次送嫁肥，同时用适时乐、多菌灵防治立枯病、炭疽病，用哒螨灵、剑神防治红蜘蛛等害虫。四是搬钵蹲苗。齐苗后用小铲将钵底铲松，剔除病苗、空钵。最好在晴天下午搬钵，按大小苗分类摆钵，用空钵隔开苗距，以利于散湿透气。搬钵后及时“三补一增”，即补水、补土、补肥、增温。补水是视苗情、墒情，适量喷水。补土是待棉苗叶片水汽干后，加细土盖钵间缝隙及钵面（厚约 2 厘米）。盖土后不宜再浇水，以防板结，但雨天搬钵不宜填土。补肥是用瓢粪桶水浇苗，或用 1% 尿素、0.2% 磷酸二氢钾喷施棉苗。增温是搬钵后及时盖膜，但晴天应揭开膜的一端通风，防止僵苗。

（二）露地直播的管理

棉花播种后，会遇到低温、干旱、涝渍、荫蔽、病虫等不良环境条件的侵袭，往往会影响正常出苗，或出苗后产生病苗、弱苗，甚至死苗，造成缺苗。因此，要求一播就管，边播边管，以保证全苗、壮苗。

1. 查苗补种　播种后应及时检查，如果有漏播、露籽现象，应立即补种、盖土。其后若发现烂籽、烂芽，须立即催芽播种。

2. 扶理前作　在前作物长势旺的套种棉田里，为了改善棉行温、光条件，可以对前作物进行“扎把露苗”，但以少影响前作物的产量为宜。小麦扎把应在灌浆后进行，要求扎低、扎小、扎松，扎成燕尾形。蚕豆扎把应在“下部荚（吃）嫌嫩，中部荚成林，上部还有花”时进行，两窝一把，扎成“人”字形。此外，采用打桩拉绳绊麦的方法，也能解决棉田增温、透光问题。

3. 及时松土，破除板结　棉花播种后如果遇雨，造成地面板结，导致棉苗顶土困难，长期不能出土时极易烂籽、烂芽。因此，雨后及时松土，破除板结，助苗出土，是争取一播全苗的重要措施。在套种棉田里有前作物防护，一般不必松土破壳，但在覆土过厚的地方，棉苗顶土困难时，也必须扒土救苗。

4. 清沟排渍，抗旱浇水　南方棉区苗期多雨，土壤水分过多，对棉苗生育不利，所以在播种后应清好“四沟”(畦沟、腰沟、围沟和排水沟)，使沟与沟相通，因而能达到雨停田干，并能有效地降低地下水位与田间湿度，确保棉田无明涝暗渍。播后如遇春旱，则应连续进行浇水抗旱，直至齐苗为止。

(三)直播地膜覆盖的管理

播种覆膜后，要经常深入田间检查、护膜，若发现有被风揭破处，应及时用土严封压实。当地膜棉出苗 80%以上时，应及时打孔放气降温，放苗出孔。放苗在早上和傍晚前进行，避开中午高温时间放苗。放苗通气 2~3 天后，及时沿苗四周覆土严封膜孔。对先覆膜后播种的，要做好助苗出土工作，雨后及时破除板结。

(四)合理密植技术

棉花种植密度是一个存在很大争议的话题，不同地区、同一地区不同田块、同一田块不同农户，种植密度可能有很大差异，可见棉花密度可塑性非常大。因此，棉花的合理密度水平，要根据当地气候、种植水平、品种特性、土壤肥力、排灌条件、耕作制度、种植方式、田间配置以及调控能力等，综合考虑确定。从整体来看，现阶段条件下，一般新疆密度大于黄河流域密度，黄河流域密度又大于长江流域密度。北方棉田直播条件下，每 667 米^2 产量为 50~70

千克皮棉的棉田，采用宽窄行种植，宽行 70～80 厘米，窄行 40～45 厘米，密度为每 667 米^2 4 000～4 500 株；每 667 米^2 产量为 100 千克皮棉的棉田，采用宽窄行种植，宽行 80～100 厘米，窄行 45～55 厘米，密度为每 667 米^2 3 500～4 000 株。

四、苗期田间管理

(一)苗床管理和移栽

苗床管理的目标是培育壮苗，防止僵苗，防治地下害虫。

1. 防止僵苗 僵苗是棉花长出 2～3 片真叶后或移栽后到现蕾前的一段时间内，由于受到不良环境因素的影响，导致生理失调，生长停滞的病态苗。

(1)僵苗发生的主要原因

①渍害僵苗：苗期遇低温阴雨天气，棉田排水不畅，地下水位过高，积水时间过长，导致根系缺氧而成僵苗。

②旱害僵苗：苗期遇长期高温干旱天气，土壤墒情较差，灌溉不便，引起棉苗缺水萎蔫，根系受伤而成僵苗。

③病虫害僵苗：立枯病、褐斑病、炭疽病、红腐病、猝倒病、疫病等均可造成死苗病苗；棉蚜、红蜘蛛、盲椿象、蓟马、地老虎、蜗牛等常为害棉叶和生长点而成僵苗。

④肥害或药害僵苗：基肥与钵苗接触，追施过量尿素或其他化肥，以及施入较多的未经腐熟的人粪畜便或饼肥，均易引起烧根发热而导致棉苗停长或死亡；棉田使用除草剂、植物生长调节剂或高毒杀虫剂不当而使棉苗敏感，或施用浓度过高造成烧叶、死根、滞长。

⑤缺磷缺锌僵苗：早春低温，地下水位高，冬泡田或烂泥田，海拔高、土温低，均可能造成土壤缺磷。同样条件下，大量施用复

合肥、磷肥以及碱性土壤会造成棉花缺锌。这些原因也可能伴生发生,综合影响棉苗的正常生长。

⑥其他原因僵苗:苗床不肥,弱苗移栽,抗逆性差,栽后遇不利天气。

(2)防止发生僵苗的措施　僵苗迟发是造成成棉花低产的重要原因之一。因此,应采取如下措施杜绝僵苗的发生,缩短棉花缓苗期,促进壮苗早发。

①底施磷、锌,肥钵离分:在底施复合肥的基础上,看田每667米^{2}施用磷肥10～15千克、大粒锌200克(如果前一年已施过锌肥,可不施)。移栽时注意把基肥与钵苗隔开分放。栽后及时浇"活棵水"。

②中耕除草,松土壅苗:中耕松土要求"早、勤、细",以深度为1.5厘米左右的浅中耕为宜,株旁浅,行间稍深。遇连阴雨不能中耕除草。雨后天晴要及时松土破板结。化学除草应选用对棉苗较安全的除草剂品种,如芽前除草用拉索或金都尔就比较安全。

③清沟排渍,保墒抗旱:苗期遇多雨天气应及时清沟排渍,降低地下水位;若遇干旱,应及时灌溉,并结合松土培土保墒。

④轻施苗肥,及时提苗:苗期结合浇水,用0.5%尿素加4000～6000倍"802"加0.2%磷酸二氢钾溶液灌根2次,每10～15天1次。切勿过量追施尿素或碳铵。

⑤叶面喷药,防病治虫:详见第五章第一部分内容。

2. 苗床地下害虫防治　棉花营养钵苗床地下害虫主要是蚯蚓、地老虎、蛴螬、蝼蛄、金针虫、跳甲幼虫等,沿江地区地势低洼的沙性土壤较重,黏性土壤较轻。防治措施主要是以防为主、综合防治,即以农业防治为基础,适时开展药剂防治。具体防治技术如下。

(1)营养钵苗床的选择　钵床不能选择有机质含量较高的菜园地,也不能选择地势低洼的沙性地块。应选择地势较高,不易渍水的非沙性土壤地块作钵床。

(2)适时开展药剂防治 营养钵做好之后,要立即喷药。防治药剂和每667米^{2}用量为:48%乐斯本乳油100毫升,或施地乐乳油200毫升,或搏命刀乳油100毫升,或52.25%扑敌乳泊500毫升等,对水100升,粗点喷雾,以保证营养钵苗床湿透。喷雾后用薄膜盖好。

3. 高标准移栽棉苗 适时、适龄移栽棉苗,是确保棉花全苗、早发夺取高产的重要环节。一般4月底5月初,气温稳定通过14℃、地温稳定通过17℃时为移栽适期。油后棉移栽要立足于"抢"字,即抢收、抢栽。棉苗苗龄30天、2叶1心至3叶1心时移栽壮大苗,做到栽后2~3天发新根,5天展新叶,7~8天活棵返青。为保证移栽质量,必须高标准落实以下措施。

(1)严格"三定" 一是定规格。畦宽2米(含沟),其中沟宽25厘米。麦套棉全部采用一麦两花、杂交棉等行种植。二是定密度。一般地力,杂交棉每667米^{2}栽1 600~1 800株,行距1米,株距35~40厘米;常规抗虫棉每667米^{2}栽2 000~2 200株。三是定要求。边栽边管、水肥结合、以促为主。主要是及时中耕松土和查苗补缺,栽后5~10天每667米^{2}追施2.5~4千克尿素,早施提苗肥。

(2)把住"五关" 一是把住气候关。要抢晴爽土移栽,若墒情不好,坚持抗旱移栽,遇连阴天则推迟移栽。遇四级以上大风天气不栽。二是把住基肥关。栽前5~7天,每667米^{2}追施12.5~15千克三元素进口硫酸钾复合肥、一小袋持力硼。三是把住精整棉行关。栽前要精细整理预留棉行,做到土细草净、上虚下实。四是把住病虫关。栽前5~7天苗床施一次药,用适乐时防治苗病,杀螨剂防治红蜘蛛。移栽大田条施呋喃丹2~2.5千克防治地下害虫。五是严把苗情关。在轻起钵、轻运钵、轻拿钵、轻放钵的基础上,剔除烂钵、无子叶苗、病瘦苗,同时大小苗分类移栽。栽钵时钵面要低于地表一指时再覆土，栽后浇好定根水。

（二）大田管理

大田管理以苗齐、苗全、苗壮、无病虫害为主要目标。

1. 查苗补缺，间苗定苗　放苗出孔后，及时进行疏苗，间除丛苗。棉苗长出 2～3 片真叶时定苗，留壮去弱，留大去小。缺苗及时补种或移栽补苗。

2. 中耕除草　棉苗出土后遇雨或定苗后，要及时进行垄间中耕，松土提温，保墒灭草。苗期中耕 2～3 次。

3. 施肥　早施、轻施提苗肥、平衡肥。

4. 防治病虫害　棉花苗期遇雨降温时，可喷多菌灵等防止苗期病害发生。苗期虫害主要为蚜虫、盲椿象、蓟马、地老虎等，防治方法参见第五章第二部分。

（三）新疆棉区苗期管理要点

新疆棉区苗期管理阶段为 4 月下旬或 5 月初至 5 月下旬或 6 月初。

1. 放苗封土　棉苗出土 3 厘米，子叶展平转绿即可放苗。边放苗边封土，穴口要封严。此项工作 5 月中旬前结束。

2. 早中耕除草　膜外 60 厘米宽行，苗期中耕 1～2 次，耕幅 36～40 厘米，深度 14～16 厘米。除去穴口处杂草。

3. 定苗　1 叶龄开始定苗，2 叶龄前结束。留大去小，留强去弱，每穴 1 株，连续 3 穴以上无苗时两头可留双株。

4. 早防治病虫害　早春铲埂除蛹，消灭越冬虫源。清除田边地头杂草，对有越冬代的棉叶螨，可用杀螨药剂有选择性地喷洒棉田保护带。加强虫情调查，查找中心虫株，插标记，采用抹、摘、拨、涂、喷等方法防治。

5. 合理化调　施用植物生长调节剂须结合棉花品种特性、棉株长势及水肥管理等而定。对于前期生长势强的棉田及品种，可喷施缩节胺加以调控，每667米^{2}用量：2～3叶龄1～1.5克，5～6片真叶期1.5～2克，对于长势较弱的棉田减量。

6. 灌溉施肥　此期间灌水1～2次，总定额为每667米^2 20～30米^3（注意：一膜二灌水原则为少量多次，一膜一灌水原则为多量少次）。随水施肥总定额为每667米^{2}施氮（N）0.6～0.8千克，磷（P_2O_5）0.2～0.3千克，钾（K_2O）0.3～0.6千克。

五、蕾期田间管理

棉花蕾期田间管理目标为促进壮棵稳长、蕾多蕾大，搭好丰产架子。

（一）稳施蕾肥

地力好、基肥足的棉田，尽量少施或不施氮素化肥，以保证棉株稳长；地力差、长势弱的棉田，每667米^{2}追施标准氮肥5千克左右。追肥施有机肥，宜在盛蕾期于行间深施。追肥时，要注意施肥部位不能离主根太近，否则容易烧伤棉花。

（二）轻浇水

为了保证棉花稳长，浇过底墒水的丰产棉田，麦收前一般不浇水，麦收后也要尽量晚浇水；如果长期干旱无雨，0～20厘米土壤含水量低于田间持水量的50%时，可以开沟轻浇（隔沟浇）。浇水后及时深中耕。

（三）狠治虫

除继续防治好棉蚜外，重点搞好二代棉铃虫的防治。在药剂选用上，提倡以生物农药为主，或有机磷农药与拟除虫菊酯类农药混用,防治效果要求百株残虫在2头以下。棉花在蕾期主要发生的害虫有二代棉铃虫、棉蚜、红蜘蛛、蓟马和盲椿象等。对二代盲椿象也必须及时发现及时用药,将迁入棉田的成虫杀灭在产卵之前。当百株有2龄以上幼虫20头以上时,应及时进行化学防治。红蜘蛛,当棉苗有螨为害黄斑株率达20%~25%时,应及时进行防治;防治盲椿象的关键在于“早”,一般在田间百株有虫1头时,或发现棉株嫩叶或苞叶出现小黑点时,就应该喷药防治。

防治要采取大面积棉田统防统治,以二代棉铃虫为重点,做好预测预报,科学合理用药,做到适期、适时,注意农药品种的选用、轮用和混用。红蜘蛛和蚜虫要及早进行点防、片防,防止蔓延成灾。

(四)早整枝

棉花整枝有人工整枝和化学整枝两种方法。

1. 人工整枝　在第一果枝长出后,及时打掉果枝以下的叶枝,防止消耗大量养分,并注意保留全部主茎叶。对遇虫害造成的多头棉,为便于管理,一般只选留一个头。整枝时,也可采取保留叶枝的方法,待叶枝上长出2~3个果枝时,及时打去叶枝顶尖,促其现蕾、开花、结铃。

另外,还有去早果枝、早蕾的做法。一般在6月20日前后进行一次,去掉棉株下部1~4台果枝上4~8个早蕾,或打掉棉株下部2~3台果枝。把开花期调整到7月10日前后,不要伏前桃。促使棉花结铃高峰期和棉叶的高光合效能期与当地的高温、富光及丰水期同步。

2. 化学整枝　由于劳动力紧张,生产上出现了化学整枝的做法。

(1)化学整枝对象　化学整枝技术主要应用于生长正常的棉田和中后期贪青旺长的棉田。促进生长中心由营养器官生长向生殖器官生长过渡，降低分枝生长势，达到整枝的目的。对瘠薄地、缺肥田、生长瘦弱棉田，不宜进行化学整枝，应保证适当的营养生长。晚播夏棉有明显徒长势时，可适当进行化学整枝。

(2)化学整枝的时期　生长正常的棉田化学整枝时间，一般掌握在盛花期前后。过早，棉株过矮，果枝过短，植株横阔度较小，中上部叶片遮光严重，下部果枝见光弱、发育差，内围蕾铃易脱落；过晚，容易造成棉花枝叶繁茂，而蕾铃发育差。中后期有旺长趋势的棉田，化学整枝一般在初花期和盛花期分两次进行，前一次用药少，后一次用药多。旺长趋势越大，化学整枝时间越要提前。严重徒长田，化学整枝可提前到初花期以前。

(3)化学整枝方法　首先选用适当的化学药剂，其次按要求把药剂配成一定浓度的溶液，最后用喷雾器喷施到棉花植株上，喷匀喷透。若喷后 6 小时内遇雨，可适当补喷 15%多效唑可湿性粉剂，每 667 米^2 每次 50 克对水 50 升；50%矮壮素水剂，每 667 米^2 每次喷 20～50 毫克/升药液 50 升；25%助壮素水剂，每 667 米^2 每次用 18～20 毫升，对水 25～50 升。

(4)化学整枝注意事项

①化学调控与肥水调控相结合：综合运用肥水促控和化学调控措施，更有利于培育理想株型和建立合理群体结构，一般在浇水前 3～5 天化学调控，当见效时浇水，使棉株在土壤肥水足和地上部在化学药剂控制的环境中稳长。化学调控后，棉株吸肥能力增强，光合效率提高，吸肥高峰提前，这时花铃肥应提早到盛蕾初花期施用。

②因地、因苗分类调控：化学调控要根据棉花品种特性、土壤肥力、气候情况、棉株发育进程和长势等灵活掌握。一般早熟品种对化学药剂敏感，用量宜小；中晚熟品种和生长势强的品种用量相应大些。肥力较高，棉株长势偏旺的棉田，用量相应增加；土壤瘠薄和沙性大的棉田，棉株长势差，化控次数要少，用量宜小。

③要严格掌握药剂浓度：浓度过小，整枝效果差；浓度过大，整枝易过头。喷施药剂以晴朗无风天的下午4~6时进行较好，尽量避开高温烈日的时段。化学整枝要结合肥水管理，徒长田不施肥少浇水，整枝效果较好。若用药过量，棉花出现药害时，要加强施肥浇水，可减轻药害。

(五)中耕培土

适度中耕，保持田内无杂草、不板结；初花前进行培土，防止棉株倒伏，便于棉田排灌和中后期管理。土壤出现板结或浇水、降雨(雪)后要及时中耕。蕾期中耕要深，深度以8~10厘米为宜。对于有徒长趋势的棉田，中耕深度可增加到10厘米以上，以切断部分侧根，减少根群数量，控制茎叶生长。结合中耕锄净杂草。若是平播地膜棉，结合中耕，一次或分次开沟覆土，至封行前完成培土工作。

(六)化学调控

开花时株高在50厘米左右的棉花，为稳长类型，不宜进行化控；花期株高超过60厘米的棉花，属于旺长类型，每667米^{2}可用50%矮壮素1~1.5毫升或25%助壮素3~4毫升，对水25~30升喷施；开花前主茎生长速度连续几天超过3厘米的徒长棉花，化控时要适当增加用药量。适时化控应掌握“少量多次，喷旺不喷壮，喷涝不喷旱，喷肥不喷瘦”的原则，以免出现药害。一般从蕾期开始共同用缩节胺化控4次，但开始日期和每次用药量都不一样，主要依据各自棉田的情况而异。第一次化控每667米^{2}用药量从0.1~0.5克不等；化控次数最少的3次，最多的6次。若日增长量超过2厘米时，要及时用缩节胺对水25~30升，均匀喷洒棉株顶部。主要针对生长过旺和密度较大的棉田，每667米^{2}用缩节胺0.5~1克，或助壮素2~4毫升，对水10~15升喷施。棉田施用生长调节剂后，必须加强管理，注意浇水施肥，做到下促上控。防止用调节剂后因棉花叶色深绿而不追肥、不浇水，放松管理，造成早衰减产。

（七）新疆棉区蕾期管理要点

新疆棉区蕾期管理阶段为5月下旬或6月初至6月下旬或7月初。

1. 适时化控　棉株9～10叶龄，即开花前，喷洒缩节胺，每667米^2 5～6克。

2. 灌溉施肥　蕾期营养体生长较快，干物质积累多，叶面蒸腾加快，因此要加强水肥的供给。此期浇水2～3次，总定额每667米^2 50～60米^3。随水施肥总定额氮（N）每667米^2 1.5～2.5千克，磷（P_2O_5）每公顷0.6～0.7千克，钾（K_2O）每667米^2 0.8～1.2千克。

3. 综合防治病虫害　加强病虫害调查，严禁大面积施用广谱性杀虫剂，要充分发挥天敌作用，以益灭害。或用杀螨药剂对水点片喷雾，封锁除治，以防蔓延。

六、花铃期田间管理

棉花花铃期田间管理的目标是争取多结桃，增铃重，防脱落，防烂铃，防早衰。

（一）合理整枝

棉花是无限生长的作物，但又是一种短日照和有一定生长适温的作物。在我国，当进入秋、冬以及温度下降到一定的程度以后，棉花就自动停止生长，或现蕾后不能开花，或开花后不能结铃，或已成的铃不能正常吐絮，从而导致棉花消耗营养，使棉花晚熟、减产。为了使棉花能在有效的生长期内得到充分的生长发育，减少无效花蕾的发生，提高结铃率，增加铃重，促进早熟，增加产量，必须适时打顶。

棉花花铃期整枝主要是打顶，兼抹腋芽。棉花合理整枝，应掌握“时到不等枝，枝到看长势”的原则。根据不同生态棉区初霜期的早晚、棉花的生育情况、棉花后期的长势(后劲)等综合因素灵活掌握，以棉花所现的大多数花蕾能收到花或以已经出现的大多数花蕾所形成的铃能在霜前成熟吐絮为准。一般田块于7月下旬打顶，控制顶端优势，避免出现无效果枝，使养分集中供给以满足蕾铃生长的需要，改善田间通风透光条件，减少蕾铃脱落，增加铃重，促进早熟。

1. 打顶适期 由于秋季(特别是晚秋)气温较低，后期所现花蕾从开花到吐絮的时间较长，一般要80天以上。因此，可以此为基准，按当地常年初霜期向前推80～90天作为该地的打顶适期，同时结合棉花的长势、棉田地力、种植密度及施肥情况等因素决定具体的打顶时间。如地力较强，后期施肥又较足，种植密度较稀，棉花长势较旺，棉株顶部长势呈“凹”形的，应适当推迟打顶；如棉花种植密度较大或顶部的叶片“黄”“瘦”“小”，且顶尖高于顶部叶片呈“凸”形，说明棉花长势已明显衰退，后劲不足，应适当提前打顶。

实践证明，打顶过早、过迟均不利于棉花早熟、增产。打顶过早，则不能充分利用生长季节，而且使上部果枝过分延长，增加荫蔽，有碍后期田间管理，同时赘芽丛生，徒然消耗养料；打顶过迟，则上部无效果枝增多，出现空梢，或出现无效花蕾，同样白白消耗养分，降低后期铃重，起不到打顶的作用。不同生态棉区适宜的打顶时间如下。

(1)长江流域棉区 此区初霜期较迟，棉花的有效生长期较长，总的来说打顶时间迟于北方的几个棉区。但本区内各地气候也有所差异以及栽培方式及密度的不同，打顶的适宜时间也不尽一致。如上游的四川一般在7月初打顶，其他地区一般在7月下旬打顶；而密度较稀、肥力较足的棉田在8月上旬打顶，如长江下游的江苏省由于棉田地力条件较好，种植密度一般为每667米^2 3000株左右(有的为2000～2500株)，打顶时间在立秋前后。

(2)黄河流域棉区　此区初霜期较早，且密度高于长江流域棉区，打顶时间一般在7月中旬，肥力较好的棉田可推迟至7月下旬，密度较高的旱薄棉田可提前至7月上旬。

(3)新疆内陆棉区和特早熟棉区　此两区种植密度高且后期降温较快，均应早打顶。一般在7月上旬、留足6～7台果枝、株高70厘米左右时就应打顶。

2. 打顶方法　打顶切忌打得过大(重)或过小(轻)。过大(重)即采用“大把揪”的方法，这种方法多去掉了几台果枝，实际上就是提前了几天打顶，不仅浪费了用在这几台果上的养料，也严重地影响了棉花产量；打顶过小(轻)，则不易分清顶芽和最顶部的一台小果枝，容易将最上面的一台果枝误认为顶芽而被摘除，而且费工多。正确的打顶方法应该是摘去棉株的顶芽连带一片刚展开的小叶，俗称为“1叶1心”。并将摘下的顶(心、叶)带出田外。

(二)重施花铃肥

棉花进入花铃期是需肥水的关键期，此期要特别重视肥水的运用。保水保肥性能强的土壤花铃肥宜一次施入，重施为好，每667米^{2}追施尿素10～15千克；保水保肥性能较差的砂壤土，宜分次追施尿素5千克，花铃盛期每667米^{2}追施尿素10～13千克，实行开沟深施为好。还应根据棉花长势长相和天气变化灵活掌握。基肥、蕾肥施得较少，且土壤肥力差，棉株长势弱，土壤墒情差的棉田，花铃肥应早施、重施、水施，做到“花施铃用”。同时，为防止早衰，争结秋桃，增加铃重，有脱肥早衰趋势的棉田，于7月下旬至8

月初补施盖顶肥，每 667 米^2 施尿素 5 千克。对中上等肥力棉田，为争取植株多结铃，增加铃重，夺取更高的产量，在初花期追肥的基础上，7 月底 8 月初每 667 米^2 可追施尿素 2.5～3 千克。有早衰趋势的棉田每 667 米^2 追施尿素 5 千克。肥沃棉田只施初花肥，少施或不施盖顶肥。

另外，棉花后期因根系吸收能力减弱，一般棉田可结合治虫从 8 月中旬开始进行叶面喷肥。可喷 0.5%～1% 尿素溶液、2%～3% 过磷酸钙溶液或 800～1 000 倍磷酸二氢钾溶液，每周 1 次，连喷 3 次。

（三）合理进行化学调控

在花铃期喷施 1～2 次缩节胺等植物生长调节剂，是调节棉株体内营养物质的运输和分配、塑造合理株型、增强光合能力、简化后期整枝、防止贪青晚熟、控制地上生长、减少无效花蕾的有效方法。化学调控应根据棉花长势和天气状况灵活掌握，土壤缺水、棉花生长受阻时应少用或不用。

1. 初花期促控　初花期是棉花全生育期营养生长最快的时期，也是促控的关键时期。主茎日增长量超过 2 厘米时，应进行第二次缩节胺化控，每 667 米^2 用缩节胺 2～3 克，对水 40～50 升，均匀喷洒顶部叶面。

2. 花铃期促控　花铃期应对生长旺盛的棉田喷洒缩节胺，控制上部果枝生长，减少无效花蕾和赘芽的丛生。此项促控应在打顶 1 周后进行，每 667 米^2 用缩节胺 3～4 克，对水 50～60 升，喷洒棉株顶部和边心。

（四）综合防治病虫害

花铃期重点防治二、三代棉铃虫、伏蚜和红蜘蛛。防治效果较好的农药有功夫（氯氟氰菊酯）、溴氰菊酯、氯氰菊酯、辛硫磷等，混配制剂有灭杀毙(氰戊菊酯+马拉硫酸+增效剂)、辛硫乳油(氰戊菊酯+辛硫磷)等。在棉铃虫防治方面,要重点防治三代棉铃虫,当百株有低龄幼虫15头时,应进行药物防治。防治棉叶螨可选用杀螨王、虫螨克等药剂。盲椿象的防治可交替使用拟除虫菊酯类、有机磷类农药,并注意保护天敌。棉花花铃期是伏蚜、棉铃虫、造桥虫、红叶茎枯病等多种病虫害的发生危害时期,应加强病虫预测预报,及时防治。

另外,对于抗虫棉,要特别注意害虫防治。因为抗虫棉不是无虫棉。许多棉农对抗虫棉存在一定程度的误解,以为种植抗虫棉就不用防治害虫了,从而导致一定的损失。抗虫棉花铃期的防治重点仍是三代棉铃虫、伏蚜、红蜘蛛、白飞虱等。

(五)防旱排涝

棉株花铃期叶面积指数大,又适逢高温季节,叶面积蒸腾强烈,棉株对水反应极为敏感,如果土壤干旱,水分不足,易造成花铃大量脱落并早衰,故应按照土壤墒情和降水情况,结合施肥,及时浇水,以水调肥,促进根系吸收。此时光照充足,水肥供应及时,有利于多结桃、结大桃。

当耕作层土壤含水量低于田间持水量的65%时,可进行灌溉,每667米^{2}浇水30~40米^3,对防止早衰、增加铃重、提高产量、改善纤维品质有显著效果。因此,应根据天气情况、土壤墒情、棉株生育状况适时浇水。如遇阴雨连绵,光照不足,部分田块积水,应及时清沟排水,达到日降水200毫米时,雨后24小时棉田不积水。另外,在低洼多雨、地下水位高的地区,要挖沟排水,降低地下水位,防止棉田涝渍。

(六)新疆棉区花铃期管理要点

新疆棉区花铃期管理阶段为6月下旬或7月初至8月中旬。

1. 及时打顶 膜下滴灌棉花以水肥控为主要手段,但也必须结合打顶整枝。7 月 10 日左右据苗情开始打顶,7 月 15 日前打顶结束。

2. 适时化控 打顶后 5 天,每 667 米^2 喷洒缩节胺 6~8 克。

3. 灌溉施肥 此期间棉株正处于营养生殖生长旺盛时期,植株蒸腾快,应缩短浇水周期,隔 7~8 天浇 1 次,共浇水 4~6 次,总定额为每 667 米^2 100~120 米^3。随水施肥,总定额为每 667 米^2 施氮(N)9~11 千克,磷(P_2O_5)3~3.5 千克,钾(K_2O)6~8 千克。

4. 综合防治病虫害 坚持以益控害,综合防治,对病虫害发生严重的田块,可进行药剂防治。

七、吐絮期田间管理

(一)整理棉株,防止荫蔽

正常棉花进入吐絮期后叶面积小,通风透光条件好,有利于棉花的正常成熟吐絮。但对长势过旺、荫蔽过重的棉田,在花铃期管理的基础上继续搞好去除无效花蕾、打老叶、去空枝、抹赘芽等工作,改善棉田的通风透光条件。

(二)抢摘黄桃,减少烂铃

引起烂桃的因素除田间荫蔽外,往往秋雨连绵是形成烂桃的主要原因,所以遇秋雨较多年份要抢雨隙摘黄桃。方法是及时采摘棉株下部由绿转黄即将开裂的棉铃,摘后随即剥晒,能有效地减少烂铃,提高品级,减少损失,增加收益。摘黄桃时要除去苞叶,以减少杂质。除采取宽行距、整枝、促控措施调节棉田荫蔽度外,还要剪掉空枝、老叶,摘掉败花。发现烂铃及时采摘并带出田外,防止蔓延。

(三)喷乙烯利,促进成熟

对贪青迟熟的棉田,除喷磷促早熟外,可应用乙烯利催熟,能显著提早吐絮而减少霜后花。方法是:对贪青迟熟棉田,霜降前每 667 米^2 用 40%乙烯利 150~200 克,对水 50 升喷洒。喷时先加水稀释,雾点要细,使药液分布均匀,重点喷在上部晚秋桃上。应注意的是,要选择无雨的晴天上午 10 时至下午 2 时喷药,喷后遇雨要重喷 1 次。

(四)叶面喷肥,防止早衰

为了防止后期脱肥早衰,增加铃重,可在 8 月中下旬进行叶面喷肥,每 7~10 天 1 次,可连续 2~3 次。喷洒浓度:尿素 0.5%,磷酸二氢钾 0.3%,硼 0.1%。

(五)拾净残膜,防止污染

地膜棉的揭膜时期可在封行前后,也可在收花结束,可视具体情况确定。但不论何时揭膜,在拔秆后都要拾净残膜,以防对土壤污染和对下茬作物的影响。

(六)及时收花,保证品质

棉铃吐絮后要适时采拾。防过早剥青铃,影响纤维的成熟;防过迟采收使棉纤维强力降低。一般以棉铃开裂后 7 天左右采拾为好。采拾时要分等级,提高品质。

(七)新疆棉区成熟期管理要点

新疆棉区成熟期管理阶段为 8 月中旬至 10 月中下旬。

1. 灌溉施肥　此期间棉株吸收养分较少,但为防止早衰,应适时补水补肥。浇水 1~2 次,每 667 米^2 定额 15~30 米^3。随水施肥，每 667 米^2 施氮(N)0.2～0.3 千克，磷(P_2O_5)0.4～0.6 千克，钾(K_2O)0.6～0.7 千克。

2. 分级拾花 严格执行“五分”制度，即分收、分晒、分存、分轧、分售，防止毛发、化纤、麻绳等杂物混入籽棉。

3. 促进早熟 对于贪青晚熟棉田，可在 9 月 20 日前后，每 667 米^2 人工喷洒有效成分 40% 乙烯利 100～120 克。主要往棉铃上喷洒。

4. 及时腾地 及时收回支管、辅管及管件。10 月底棉花采摘结束，粉碎棉秆，清收残膜、滴灌带，施基肥，犁地。

八、棉花专项栽培管理技术要点

(一)棉花双膜栽培技术

棉花双膜栽培(双膜棉)就是将采用塑料薄膜覆盖育好的营养钵棉苗，移栽于地膜覆盖的大田。双膜棉具有保温、保墒、保肥、除草、早发、早熟、增产优质的显著效应。但是，在大面积双膜棉的推广过程中，由于植棉技术不同，农户栽培水平不一，也暴露出一些技术上的薄弱环节：一是棉株倒伏，二是棉花早衰。前者是揭膜过迟引发的，后者是追肥不及时或者不足造成的。这两个问题常阻碍着双膜栽培优势的发挥。为此，必须及早采取措施，防止倒伏和早衰。

1. 适时揭去地膜 各地研究表明，双膜棉花的主根在移栽时被截断，大量的侧根和须根多集中在土壤 10～20 厘米的耕作层内，由于温度及肥水条件优越，土壤供肥能力强，双膜棉的棉花在现蕾、开花期对肥水的吸收能力都比直播棉强得多，地上部分营养生长与生殖生长都大大优于直播棉。此时，如能适时揭去地膜，加强中耕培土，双膜棉就能充分发挥优势；反之，如果迟揭膜或者不揭膜，一旦狂风暴雨天气来临，因为棉花根系多分布于土壤上层，支撑能力较差，非常容易倒伏。因此，必须及时揭去地膜，精细管理，促根护根。揭膜时间以初花期最为适宜。

2. 快速补施肥料 双膜棉花由于发育进程比直播棉早 20～30 天，前期耗肥量比直播棉大，一切管理措施都要相应提早，特别要迅速施足花铃肥，每 667 米^2 应追施尿素 10～15 千克或三元复合肥 10～15 千克。缺钾棉田，每 667 米^2 还要配施钾肥 5～10 千克，抗虫棉每 667 米^2 要施钾肥 15 千克左右。当棉花单株平均结有 2～3 个桃时，每 667 米^2 应施尿素 15 千克左右。如果疏于肥水管理，棉花上桃之后很快会大面积落黄，严重的还伴有生理性凋枯病，过早地脱叶垮秆。

3. 协调平衡生长 双膜棉由于发育快，很易导致疯长，必须采取措施使其平衡生长。一要在进入盛蕾期后喷施延缓型的植物生长调节剂缩节胺或助壮素，每 667 米^2 2～3 克或 8～12 毫升，对水 40 升；二要注意喷施调节剂后棉花叶色很快转为深绿，不能掩盖潜伏脱肥的矛盾，该追肥的仍要及时追肥；三要注意揭膜时田间勿留残膜，以免影响中耕培土和后茬管理；四要喷施硼肥 2～3 次，提倡施用高含量的速乐硼。

（二）棉花地膜覆盖栽培技术

1. 地膜棉花生育特点 一是发育早，生长快，前期易旺长；二是根系发达分布浅，抗旱防倒能力差；三是发育早，有效结铃期长，后期易早衰。

2. 地膜覆盖棉花栽培增产的原因

（1）*提高土壤温度，增加地温积累* 据测定，播种至出苗，地温提高 3℃～5℃，有利于一播全苗，出壮苗。出苗至现蕾，10 厘米累积地温比露地棉增加 108℃，因而提前现蕾，使棉花生育进程加快，延长了有效结铃期，为棉花高产优质创造了有利条件。

(2)保墒、提墒,稳定土壤水分　据测定,5~20 厘米土壤含水量,比露地棉的出苗期高 4%,现蕾期高 5%,初花期高 5%左右。盖膜后能使土壤深层的水分大量上移,70 厘米以下的水分含量却低于露地棉田,因此具有提墒作用。同时,土壤水分相对稳定,变幅小,有利于棉花正常生长发育。

(3)改善土壤理化性质　盖膜后能保护土壤,减少风蚀、水蚀,使土壤不板结,仍保持疏松状态,有利于棉花根系的发育。

(4)改善土壤养分状况　盖膜后地温升高,水分适宜,通气良好,有利于土壤微生物的活动,提高了土壤中速效养分的含量。据测定,0~10 厘米土层硝态氮含量比露地棉田高 12.8 毫克/千克,速效磷含量增加 16.6 毫克/千克,因而能提高土壤的供肥能力。

(5)促进棉花生育进程,改善产量结构　据测定,盖膜的棉田早出苗 5~6 天,早现蕾、开花 9~12 天,早吐絮 17 天左右,有效结铃期延长 15 天左右。所以使棉花产量结构得到改善,伏前桃和伏桃显著增多,秋桃比例减少,单株成铃数和铃重显著提高,具有提高单产、促进早熟和改善纤维品质的作用。

3. 栽培要点

(1)覆膜播种整地起垄盖膜　覆盖棉田,整地要细,起垄要直,垄面细碎无坷垃,才能保证盖膜质量,防止大风吹膜和杂草丛生。

播种盖膜的要求是:先盖膜后播种的,要当天整地,当天盖膜;先播种后盖膜的,要当天播种,当天盖膜。盖膜时,要把膜拉紧、铺平,紧贴地面,薄膜四边埋压 7~10 厘米,膜面每隔 3~4 米压一小土块,严防起风掀膜。先播后盖有利于机播,便于提高播种速度和质量,但出苗后需及时放苗,否则容易烧苗。先盖后播是普遍采用的方法,只要掌握好播种深度和封严播种孔,容易夺取一播全苗。一般盖膜后 5~10 天播种。播种方法一般采取打穴浅播封堆,即用打穴器打 2~2.5 厘米深的穴,每穴播种 3~4 粒发芽露嘴的种子,然后用细湿土填穴封堆,以防进风揭膜、跑墒和雨拍。也可采用穴播机或点播器播种，还可采用铺膜穴播机一次性完成播种。

黄河流域棉区，播前浇水，覆盖棉田，争取全苗的主要问题是土壤墒情。一般春季浇水造墒有两种方法：一是先浇水后整地起垄；二是先整地起垄后浇水，这种方法有利于保墒。要求覆盖棉田0~20厘米土层含水量达到田间最大持水量的70%~75%，这样的湿度有利于全苗早发。

(2)苗期田间管理　主要有以下3项工作。

一是查苗、补苗、放苗。棉花出苗后及时查苗，缺苗处补种或移栽。先播后盖的棉花，应在棉苗子叶展开由黄变绿后适时放苗。若放苗过早，因膜内外温差大，放出的黄瓣苗易死亡；放苗过晚，地膜易压弯棉苗，高温时还会烧苗。放苗时，最好用剪刀、小刀轻轻地把膜挑开，使幼苗由孔钻出，待子叶上的水晒干后及时用细土严封放苗孔，以防进风揭膜和跑墒、降温。如遇雨雪板结，及时破除。地膜破裂处及时用土压好。在晴天上、下午放苗，按株距每穴放苗1~2株。但要注意堵口防风，发现破口或开口要及时用大土块堵好，严防起风揭膜；发现缺苗要早移栽；还要尽早定苗，一般2~3片真叶时定苗最好。先盖膜后播种的棉田，待种子发芽扎根时，及时扒平播种孔上的小土堆，以利棉苗出土。

二是间苗和定苗。覆盖棉花，从1叶期至3叶期，只有10天左右。根病死苗很轻时，间苗、定苗可一次完成；反之，应分次完成。5月中下旬，棉苗2~3片真叶时定苗，每穴留1株壮苗。早定苗，地温高，墒情好，生长快，有利于壮苗早发。

三是中耕和除草。结合中耕，防除田间杂草。

(3)彻底整枝　覆盖棉花整枝与一般大田不同的地力有两点：一是伏前桃遇高温、高湿易烂桃，因此下部果枝要适当少留果节；二是有效花铃期长，可多留3~4个果枝，以充分利用时间和空间，争取多结铃，发挥地膜覆盖增产的优势。一般6月中旬现蕾后脱裤腿（把第一果枝以下的枝叶全部抹去），7月上、下旬打顶尖（摘除1叶1心)，8月下旬打群尖(把所有枝条的尖全部摘除)，9月上旬打去空枝老叶。

(4)及时浇水施肥　覆盖棉花发育早，生长快，结铃多，叶面积大，叶面蒸腾量比露地棉花高20%～30%，需肥需水量增加且高峰期提前，延续时间长。同时，覆盖棉花根系分布浅，对干旱较敏感，尤其是伏旱，若肥水管理失误，很容易造成早衰。覆盖棉田，苗、蕾期一般不追肥。花铃期肥要早施、重施，一般初花期要轻施，结铃盛期要重施。追肥要开沟埋施，并结合浇水，以充分发挥肥效。初花期追肥浇水后，为了防止棉花徒长，可喷洒植物生长调节剂，协调营养生长和生殖生长之间的矛盾。

(5)化学调控　盛蕾期每667米^{2}用矮壮素2毫升或缩节胺3克，盛花期每667米^{2}用矮壮素4毫升或缩节胺3克，盛果期每667米^{2}用矮壮素6毫升或缩节胺4克，对水30升叶面喷施。

(6)及时防治病虫害　因膜下温度高、湿度大，适宜病菌繁殖，苗病比较重，要注意防治。又因地膜棉花发育早，长势旺，棉蚜和棉铃虫等害虫均比露地棉花发生早而重，应早治、及时治。为节省农药，保护天敌，提倡点涂心叶防治苗蚜和二代棉铃虫。

(三)棉花密、矮、早、膜栽培技术

棉花“密、矮、早、膜”高产优质高效种植技术，是通过采用密植、地膜覆盖等促早栽培技术和化控、科学施肥、灌溉等综合配套技术，有效促进棉花早苗早发，快速搭建高光效群体，使棉株最佳结铃期和当地的高温富照期同步，在有限的时间内多结铃、结大铃、结好铃，实现增产、提质、增效。在新疆棉区，它可以有效减轻和避让早春低温干旱和秋季早霜逆境的影响，增产效果显著，平均每667米^{2}可稳获100多千克皮棉的较高产量，霜前花率达到85%，比对照分别提高35%和10%，已累计推广100多万公顷，发展成为一套成熟的促早栽培高产高效生产技术。我国西北内陆棉

区和北部特早熟棉区，由于常年春季低温干旱，秋季早霜、降温快，棉花生产中普遍存在保苗难、发苗慢、成熟迟、产量低、品质差的问题，是“密、矮、早、膜”高产高效技术最适宜的推广地区。

1. 密

(1)一般密植　即垄幅80～90厘米，垄上双行，株距13.3～16.7厘米，每667米^{2}保苗0.8万～0.9万株。品种可选本地推广的耐密品种。若棉株徒长可在6月末7月初喷施缩节胺化控两次，每667米^{2}用量1.5～3克。此做法缺点是打围尖和疯水杈较费工时。

(2)高度密植　即垄幅80～90厘米，垄上双行，垄幅120～130厘米，垄上3行，两种垄幅株距均为11.7～13.3厘米，每667米^{2}保苗0.9万～1.2万株。选择耐密品种。该种做法的宗旨是多留苗，少留桃，早坐桃。由于密度大，整个生育期需化控3～5次，防止徒长。因棉田基本不用打围尖和疯水杈，从而大大减少了劳动用工。此做法技术性强，时间性强，棉农初次应用须技术员现场指导。高度密植单位面积产量高，使丰产有了保证。

2. 矮

(1)喷施化学药剂　喷施缩节胺抑制棉株徒长，促进棉株矮化壮实，实施全过程化控。不同生育时期，缩节胺的用量不同，一般每667米^{2}的用量为：3～5叶期1～1.5克，现蕾期2～3克，初花期3～4克。如果棉株继续徒长，可在盛花期进行第四次化控，每667米^{2}用缩节胺4～5克。为防止赘芽滋生，在7月25日左右进行第五次化控，每667米^{2}用缩节胺5克。通过采取促控结合管理措施，防止棉株旺长，控制棉株过早封行，塑造高光效群体。合理的株高指标为：山西、陕西等干旱棉区一般不超过80厘米，甘肃、新疆适宜株高为60厘米左右。

(2)打顶尖　控制棉株高度在50～60厘米。正常年份7月1日打顶尖，做到“时到不等枝，枝到不等时”。一般够5～7个果枝就打掉顶尖,早够早打,晚够晚打。

(3)平衡施肥　一般地块每 667 米^2 施农家肥 3 000～4 000 千克,尿素 10～15 千克,磷酸二铵 10～12.5 千克,硫酸钾 10 千克作基肥。在 6 月下旬,即蕾期每 667 米^2 追施尿素 15 千克。

3. 早

(1)应用早熟品种　选用耐密、高产、优质、生育期短(120 天左右)的品种,提高霜前花率。

(2)适时早播　4 月 15 日适时播种,坚决不种 5 月棉,以提早出苗,为棉花中后期生长发育争得时间,促使棉花产量和品质都有所提高。

(3)加强田间管理　棉田管理好坏对棉花的生育期影响很大。

(4)适时集中采收　棉花吐絮后,一般 7～8 天才能充分脱水成熟。统一管理的棉田,吐絮都比较集中。待棉田吐絮 70%,即吐絮 1 周后,进行第一次采收。此期都是霜前花,单独存放。再有 20%左右吐絮采收第二遍,此期将有霜后花,分级存放。最后再采收 1 次,如果天冷,可将棉秆拔回家采收。此期绝大部分是霜后花或僵瓣棉,不要和前面的好棉花混在一起,因棉花收购标准是就低不就高。

4. 膜

(1)增加地温　覆膜可使地温升高,同时又抑制了热量的散失,盖膜比不盖膜早春一般可使地温提高 2℃～4℃,生育期增加积温 270℃～300℃。

(2)保持土壤水分　覆膜的土壤表面和地膜之间形成一个 2～5 厘米高的不透气小气室,切断了土壤水分同近地层空气中水分的交换,蒸发的水汽凝结于膜下,渗入土中。同时,土壤水分在膜下与耕层之间的内循环过程中,深层水向地表移动,使表层含水量增加。

(3)清除杂草　由于膜内温度很高,杂草幼苗被烫死。

(4)减少肥料流失　由于受地膜保护，避免了土壤水分大量蒸发和因降水引起的土壤板结、淋溶和肥料流失；地膜内温度高、湿度大，使土壤微生物活动加强，促进土壤中有效养分的转化，有利于提高肥效。

(四)棉花油后栽培技术

随着油菜产业化的开发和植棉布局结构的调整，油后棉已成为许多地区棉花生产的主体模式。油后棉高产配套栽培，必须紧扣其有效现蕾结铃期相对较短的特点，扬长避短，发挥优势，强化管理，促进高产稳产。

1. 因地制宜，选好品种　油菜在适时早播早栽的基础上，选用熟期偏早的品种，确保早腾茬。

2."一早""两防"，确保季节　"一早"即4月15日以后，能够早播的尽量早播，预防不良气候的影响，在季节上争取主动权；"两防"即防高温烧芽烧苗和防病害死苗，确保一播全苗。预防高温烧芽烧苗，一要增加盖籽土厚度，根据盖籽土黏重情况，确保厚度达1.5～2厘米，严禁用沙盖籽；二要用喷雾器喷足水；三是高温期用稻草盖膜降温；四是出苗后每天10时前揭膜降温。棉苗防病要立足于早、立足于防，既要降温蹲苗，又要于齐苗后选准农药，普防一次病害，阴雨天多时，要增加防治次数。

3."两降""一调"，培育壮苗　"两降"即在苗床期抓住晴天等无雨天气，及时揭膜降温降湿，控制纵向生长；"一调"即在苗床施用植物生长调节剂，达到控旺苗、促壮苗的目的。

4. 适度密植，以密补迟　大株型杂交棉品种每667米^{2}植1 800株左右，紧凑型杂交棉品种每667米^{2}植2 000株左右。

5."两肥""一调"，控制缓苗　如何缩短移栽缓苗期，是油后棉高产栽培主攻方向之一。在培育壮苗的基础上，要重点抓好"两肥""一调"。"两肥"即钵土施好磷、钾肥，栽前施用送嫁肥。制钵前10～15天每667米^{2}苗床施碳铵和过磷酸钙各0.75～1千克、氯化钾0.5千克，做到肥土混合；栽前5～7天用0.3%磷酸二氢钾加1%尿素溶液叶面喷施。“一调”即栽前一天每667米^{2}喷9万倍爱密庭调节剂。

6.“五肥”垫底，一轰而起 油后棉的大田管理，必须以管补迟，在基肥施用上，必须要重，实行氮、磷、钾、硼、锌五肥垫底，每667米^{2}施25%三元复混肥40～50千克，持力硼和大粒锌各1小袋，微肥与复混肥充分混匀，拖沟深施，苗肥分隔移栽，以预防烧苗。

7.看苗化调，防旺促壮 一是现蕾后，每667米^{2}用缩节胺1克，对水20～25升喷施；二是花铃期每667米^{2}用缩节胺2克，对水30～35升喷雾；三是打顶后7～10天，每667米^{2}用缩节胺3克，对水35～40升喷施。在缩节胺施用上，还要做到看品种、看苗势、看天气，株型紧凑的品种、抗虫棉、长势不旺的棉苗和干旱季节要酌情减少用量。

8.“三肥”结合，稳发防衰 “三肥”即花铃肥、补桃肥和后期叶面喷肥。花铃肥要早而重，见红花后每667米^{2}施尿素20千克、氯化钾20千克，开沟深施，起垄培蔸。补桃肥在7月底8月初施用，每667米^{2}施尿素15千克左右；叶面肥于8月中旬至9月上旬施用，叶面喷施1%尿素和0.2%磷酸二氢钾溶液，每7～10天喷1次，连喷2～3次，以延长叶片功能期，达到增桃增重防衰目的。

9.突出重点，综防害虫 要密切注视红蜘蛛、盲椿象、棉铃虫和斜纹夜蛾等重点害虫，抓住防治适期，进行综合防治，控制害虫为害。

(五)麦套棉早熟高产栽培技术

麦套棉的田间管理，总的要求是“苗期促早发，中期保稳长，后期防晚熟”。具体管理措施可以概括为“三防”“四抢”“五注意”。

1. 麦收前抓“三防” 麦收前棉苗受荫蔽时间长达20多天，由于光照不足，通风条件较差，棉苗发育慢，生长弱，严重的还会造成大量死苗。因此，棉花出苗后要及时管理麦株，特别是出现倒伏的麦田，更要采取拉绳、绑扎等措施将麦株扶起，改善通风透光条件。同时还要适时抢收小麦，减少遮荫时间。另外，对棉花的管理要做到“三防”：一是防缺苗断垄。麦收前适时浇水，防止干旱死苗。二是防虫害。麦收前易发生地老虎为害，可取90%敌百虫晶体1千克，先用少量热水化开后再加水10升，均匀地喷洒在100千克炒香的饼粉或麦麸上，于傍晚撒在田间诱杀，每667米^{2}用量为2.5～3千克，效果良好。三是防小老苗。结合浇水，及时追施适量氮肥，促苗早发。

2. 麦收后抓“四抢” 一是抢灭茬。二是抢追肥。麦收后追肥要早，一般灭茬后接着进行，每667米^{2}施尿素2.5～5千克，量不可过大，防止旺长。三是抢浇水。施肥后接着浇透提苗发棵水。四是抢治虫。麦收后常有玉米螟从麦株向棉株转移为害，要做到随割随运。当棉花有1%被蛀秆时，可采用化学防治，或撒毒土保护带(用100毫升有机磷或拟除虫菊酯类农药喷洒在25～30千克细土上，然后撒在棉苗根际)，防止玉米螟由麦株向棉苗转移。

3. “五注意” 一是注意合理施肥。麦套棉要早施、重施花铃肥，一般可在初花期每667米^{2}施尿素10～15千克，或施52%棉花专用配方肥30千克加尿素7～10千克，集中串沟深施在离棉株30～40厘米处。在施肥后7天，人工摘去棉花的脚根桃。为防止晚熟，麦套棉不宜施用盖顶肥。在缺磷地块，可在8月份用磷酸二氢钾或磷酸二铵300～500倍液作根外追肥，每10～15天喷1次，共喷2～3次，每667米^{2}每次喷洒50～75升；或喷施雷力2 000倍液肥或老乡牌液肥，每667米^{2}每次30～45克对水40～50升均匀喷雾，7～10天喷施1次，连喷3～4次。二是注意合理化控。在盛蕾、初花期主茎日增长量超过3厘米时，每667米^{2}可用缩节胺2

克或矮壮素1~1.5毫升或助壮素3~4毫升，对水15升左右，均匀喷施叶面。三是注意适时打顶。适宜的打顶时间，麦套春棉为7月15~20日，麦套夏棉为7月20~25日；8月10~15日去掉全部无效花蕾。四是注意在盛花期培土，以防涝、防倒伏。五是注意及时治虫。麦套棉二三代棉铃虫和伏蚜为害较重，当百株有初孵幼虫5头时，及时防治棉铃虫；运用黑光灯、高压汞灯诱蛾灭虫，喷施Bt生物杀虫剂、化学农药等方法防治害虫，达到防治棉铃虫一代保苗、防治二代保顶、防治三代保蕾、防治四代保铃的目的，使棉株生长发育正常，增加霜前花率。卷叶株率达到5%时，及时防治伏蚜，可每667米^{2}用绿亨杀杀死50克或大功臣20克，加水40~50升喷雾防治。当红蜘蛛点片发生时，每667米^{2}用达螨灵或螨虫一次净50克，加水40~50升进行防治。六是注意适时催熟。10月初每667米^{2}用40%乙烯利150~200克，对水50升喷洒棉株，促进吐絮，保证10月下旬腾茬种上小麦。

（六）麦后棉早熟高产栽培技术

麦后棉由于前作腾茬晚、棉花播种迟，往往造成迟熟低产，但是只要抓住培管的关键措施，麦后棉同样可以早熟高产。

1. 大钵育苗 苗床施足有机肥，配合施用氮、磷、钾肥，用直径7厘米以上的大钵育苗。选用早发性好、生长势强、结铃早而集中、成铃率高、赘芽和亚果枝少、生育期125天左右、适合当地种植的杂交抗虫棉主栽品种。大麦茬于4月10~15日播种，小麦茬于4月15~20日播种。

2. 培育双秆苗 双秆棉一般不再生长叶枝，成桃早、多而集中，还可减低移栽密度，是晚茬棉省工节本、早熟高产的关键措施。在棉苗第一片真叶长出前，维持苗床较高温度，促进顶芽高出子叶节。在离子叶节0.5厘米处掐掉顶芽，并喷施25%多菌灵500倍液（加适量植物活力素）。此后仍保持苗床较高温度，促使子叶两腋芽尽快萌发，当腋芽长达 3 厘米时，适量喷施壮苗素。

3. 搬钵蹲苗 这是培育大壮苗、缩短栽后缓苗期、提高棉苗抗逆能力、促进棉花早熟高产的重要措施。苗龄 20 天时，起钵重新排列，尽量将小苗排放在苗床中间，并补泥、补水，隔两天后再补肥，加强床温管理，促进棉苗尽快恢复生长。

4. 充分炼苗 5 月 10 日以后，无风雨天气日夜不覆膜，长期炼苗。

5. 板茬抢栽 最好在早春田间麦株尚未茂盛时就拉线打塘，适当增加打塘深度，以利于前茬收获后及早抢栽。杂交抗虫棉双秆栽培一般每 667 米^2 以 1 500 ~ 1 800 株为宜，移栽最迟不超过 6 月 6 日。移栽前对苗床浇施 0.5% 尿素溶液，结合治虫喷施生根剂。移栽时塘内浇足水，待水渗干放钵覆土。如遇早梅，可抢雨隙将钵放入早春打好的塘内，用力按一下，使塘底淤泥泛上稳住钵苗，待土壤干爽再培土壅根。放苗时将棉苗双秆朝向行间，并剔除双秆大小悬殊的苗。

6. 防旱降渍 栽后将上茬麦秸覆盖在棉苗根部，以保持土壤湿润。及早清沟理墒，以防渍害发生，造成水僵苗。

7. 足肥促长 栽后 1 周每 667 米^2 追施碳铵 40 千克、磷酸一铵和氯化钾各 10 千克，7 月中旬每 667 米^2 追施尿素 25 千克作花铃肥。

8. 适度调控 双秆棉成铃集中，一般不易旺长，应以促为主，打顶前不宜化控，8 月 5 日前后打顶后，每 667 米^2 用 1.5 ~ 2 克缩节胺轻控。

9. 防治病虫草 苗期(特别是揭膜炼苗期)重点防治盲椿象、蚜虫和蓟马，并注意防治苗期病害。田间免灭茬，草害严重时用 10% 草甘膦 75 倍液定向喷雾化除。

10. 适时催熟 10 月 15 日前后，每 667 米^2 用 40% 乙烯利 150 ~ 200 毫升，加水 50 升喷雾催熟，11 月 10 日前后清茬。

(七)棉花乙烯利催熟技术

乙烯利是一种可诱导植物自身内源乙烯释放的外乙烯生长调节剂,已被成功地应用于多种作物的催熟。在棉花上主要用于晚播、晚发棉田的催熟,以提高霜前花率。但对于正常生长的早熟的棉田,为形成作物组合、生态条件、耕作制度三者间的优化配置,应用乙烯利进行促早的催熟技术研究甚少。对于关中棉区,受多年来形成的相对稳定的棉麦轮作制的限制,10月上中旬冬小麦高产播期必须拔秆腾地种麦。这样,对于棉花来说,实际的收获期比一般意义上的以初霜期为界的收获期要提前2周多。因此,棉麦轮作制下的棉花管理体系,就不能承袭传统的三桃齐结、以提高霜前花率为目标的技术措施,而必须采取符合新目标的一整套促早技术体系。根据近年试验和生产应用结果,在系列促早栽培的基础上,对于正常生长的棉花,一般每667米^{2}用250～350毫升40%乙烯利催熟,可以促早开裂,集中吐絮,10月中旬前早熟和中熟棉花吐絮分别超过90%和80%,比未催熟的提高30%左右,实现棉花早熟优质和小麦适期播种。可见,乙烯利催熟是棉麦轮作制下解决麦棉争季矛盾、实现棉麦双丰收的一项有效的棉花促早技术。正确使用乙烯利对棉铃进行促熟,可使棉铃提早吐絮7～10天,增产6.4%～10.2%,每667米^{2}增加收入26～40元。

1. 了解药效 市场上的乙烯利主要有水剂和油剂两种。无论哪一种,用前都要检查是否失效。可取少量原药倒在水泥地上,发泡较多的证明有效。如药液产生沉淀物,可用70℃～80℃的温水加热振荡,等沉淀物溶解后再用,不影响药效。

另外,乙烯利呈酸性,遇碱性物质会迅速分解失效。因此,严禁将乙烯利与碱性农药混施,也不能用坑塘水等碱性较强的水稀释。乙烯利在pH值3.8以上就可以释放乙烯气体,加水稀释后,pH值会发生变化,所以要随配随用,否则会影响药效。

2. 确定最佳喷药期　从乙烯利对不同龄期棉铃的催熟效应看，对铃期大于45天的棉铃有增加铃重、改进品质的作用，对铃期35天左右的棉铃重稍有降低，对铃期25天左右的棉铃可能逼熟，而铃期小于10天的幼铃则脱落。可见，铃期大于45天是理想的最佳喷药期。但事实上，由于受允许生长期的限制及棉花成铃的可塑性，不可能所有棉铃的铃期在一较短的时段都能大于45天。所以，为了充分而有效地发挥乙烯利的催熟效应，从收获结束期的要求出发，栽培管理上自始至终要立足于促早发、调稳长、集中成铃，为乙烯利催熟创造最佳喷药期，即喷药时主体桃成熟度能达75%以上。这样，既能促进大铃早开裂，增铃重，改进品质，又能除掉无效蕾花及幼铃和中下部老叶，减少养分的无效消耗，改善田间通风透光状况，降低霉烂损失，达到采拾期集中，收获结束提前。

从乙烯利药效期看，喷药后能有3天以上日平均气温在20℃以上，1周左右蕾花幼铃及部分叶片逐渐脱落，吐絮开始加快，2周左右进入吐絮高峰，较快的吐絮速度一直可以延续到3周以后，即乙烯利催熟的药效期持续20天以上。所以，通常认为初霜期前20天是乙烯利催熟的临界期。如喷后12小时内遇雨，应补喷1次。但是，对于关中棉麦轮作制，棉花的实际有效生长期不是常规意义上的至初霜期，而是至10月上中旬小麦适播期。因此，关中地区棉花乙烯利催熟临界期应从10月中旬向前推算20天，即9月下旬；黄淮海地区在10月5日前后；长江流域在10月下旬。

3. 采取合理的喷药方式　在关中棉区的气候条件下，采取促早组合技术，早熟棉花以伏前桃和伏桃构成产量，9月中旬绝大多数棉铃铃期大于45天。因此，采取全株均匀喷药的方式，药效快，有利于充分发挥提高铃重、改善品质、促早开裂和集中采拾的综合效应。中熟棉花9月中旬尚有近20%的上部青铃铃期仅35天左右，若同早熟棉花一样采取全株喷药的催熟方式，势必使这部分青铃铃重有所降低，对产量造成损失。利用乙烯利吸收后在体内传导慢的特点及其促进组织器官脱落的双重效应，可采取分层分期喷药催熟的方式。9月中旬先对棉花中下部喷药，促进中下部棉铃提早开裂和部分叶片脱落，在催熟的同时使下部通风透光条件得到改善，减少因荫蔽造成的霉烂损失；7～10天后，再适当增加药液浓度对中上部棉铃进行催熟。这样，既达到对铃期大于45天棉铃的正效应得以充分发挥，又避免或降低对铃期小于35天青铃的负效应。应注意在喷药之前先将已吐絮的棉铃摘下，以免药液对其造成污染，降低棉花质量等级。

4. 选择适宜药液浓度 药液浓度和催熟效果呈显著正相关，但并非浓度越高越好。用药浓度过高，会形成逼熟；浓度过低，起不到催熟作用。因此，掌握适宜的药液浓度非常重要。所谓适宜的药液浓度，是一个相对的概念。首先，必须视棉花长势而定。对于长势强、后劲足的棉花要加大药量，一般可比正常用量增加5%～8%；对于长势弱甚至显早衰趋势的棉田，则宜降低浓度，可比正常用量减少20%～30%。其次，必须根据用药期及当时天气状况（主要是温度）而定。施药早，温度高，药量宜小；反之，要加大药量。关中棉区9月上旬后气温下降速度很快，必须根据实际用药时间调整用药量。根据试验结果，在9月15～25日期间，平均每推迟1天要增加药量10%左右，而9月30日以后催熟效果很差，实际应用价值不大。但是不管用药多少或施用迟早，喷施时必须对足水（一般每667米^{2}不少于35升），使喷施的部位特别是棉铃要均匀沾着药液，方能获得快速有效的催熟效果。一般棉田每667米^{2}用100～150毫升原液，加水60升左右，配成0.15%～0.25%的药液喷雾。对于严重贪青或急于腾茬的棉田，可加大浓度，但一般不超过0.3%。

5. 做好后续青铃催熟 在棉麦轮作制下，棉花要提早拔秆10～15天甚至更早，尽管采取了有效的乙烯利催熟，仍有10%～20%的青铃（特别是中熟品种棉花）拔秆时尚未开裂。为了减少损失，增加收入，对这些青铃采摘（要去净苞叶）后进行离体乙烯利催熟。用每升水加40%乙烯利5～6毫升的药液，均匀喷洒在棉铃上，用农膜等物盖好堆放约24小时后摊开晾晒，1周左右自然开裂后采拾。试验结果，离体催熟处理棉铃的产量、品质都比直接剥桃有所提高。

（八）棉花克芜踪催熟技术

近年来，随着杂交抗虫棉品种的普及，结铃率普遍提高，单产也随之增加，部分棉田因肥力充足及前期管理失控生育推迟，晚秋棉桃比重加大，加上10月份气温偏低（光照又少），低于棉铃发育要求，使一些秋桃在下茬种植前不能正常吐絮，产量和品质受到一定的影响。因此，适期催熟，已成为晚熟棉桃生产后期管理的主要措施。

1. 催熟效果

（1）提早落叶，落叶率高　棉花喷施克芜踪药剂后1～2天叶片失水萎缩，4～5天干枯脱落，7～8天基本脱落干净。落叶时间比常用药剂乙烯利早6～8天，同期落叶率比乙烯利高15.4%～27.6%。

（2）吐絮集中，霜前花率高　喷施克芜踪药剂处理的吐絮期提前，吐絮率高，吐絮集中，籽棉色泽好。随着叶片干枯脱落，吐絮增多，药后7～8天为吐絮高峰期，药后10天吐絮率达40%左右，霜前花率为90%左右。

（3）单产增加，品质提高　棉花在适期内喷施克芜踪药剂，铃重、衣分均有所提高，产量增加5%～7%，纤维长度增加1～2毫米，黄花率降低2.6%～4.2%，皮棉等级提高1～2级。

2. 催熟技术

（1）适期催熟　克芜踪催熟的效果与喷药的时期及棉铃的铃期关系密切。据试验，吐絮高峰期随喷药时间的推迟而降低。喷药后,对开花后20天以内的幼铃有迫使其停止发育、促使其脱落的作用;对开花后20~30天的棉铃,喷药后可促使过早开裂吐絮,遇阴雨或低温则成僵铃以至影响产量和品质;对开花30~45天以上的棉铃,可提早开裂吐絮;对45天以上的棉铃,有增加铃重、提早吐絮的作用。因此,根据晚熟棉的生育进程,结合常年气候因素,从提高品质和产量综合分析,应用克芜踪催熟的适期在霜降前10~15天(10月10~15日)效果最佳。即此时有效花的铃期已达45天以上,有利于枯霜前集中吐絮,充分发挥克芜踪提高品质产量的催熟效果。

(2)使用剂量要适宜　克芜踪的催熟效果,表现为随用量的增加霜前花率及品质提高、青铃率降低的趋势。从同一喷药时期不同使用剂量的产量效应来看,每667米^{2}用克芜踪50~70毫升,单产比对照增产3.3%~7.4%;每667米^{2}用克芜踪80~100毫升,单产略有下降。为了达到提高产量和品质、增产节本的目的,棉花催熟以每667米^{2}用克芜踪60毫升为宜。

(3)关注天气变化　克芜踪的催熟效果与气象因素有关。用药前要掌握天气变化趋势,喷药后2小时内遇雨要重喷;药后7~10天吐絮高峰期如有连阴雨天气,要推迟用药,以防棉花品级下降。

(4)用水量要足,药液喷布要均匀　克芜踪是一种触杀型的除草剂,没有内吸作用,因此只有使整个棉株叶片(特别是上部叶片)均匀着药后才能达到催熟效果。总之,根据棉花叶片的数量多少,每667米^{2}用药液量以掌握在60升左右为宜。

(九)棉花烂铃综合防治技术

棉花烂铃,俗称捂(霉)桃子。这种情况几乎每年都有不同程度的发生。因此,应在弄清棉花烂铃发生的条件和原因的基础上,采取综合性的措施进行防治,力争把损失降到最低限度。棉铃的腐烂，直接影响棉花的产量和品质。我国的棉花由于烂铃所造成的减产损失为 11%～31%。据有关测定，烂铃和健铃相比，烂铃铃重减轻 40.2%，皮棉减少 52.7%，衣分降低 22.1%，绒长缩短 40.2%，纤维强度降低 48.9%。

棉花烂铃的防治，必须采取综合措施。

1. 合理耕作、合理施肥 一是扩行降密。即将棉花行距拓宽到 1～1.1 米，密度降到每 667 米^2 1 600～1 800 株，既发挥杂交棉植株高大、个体优势突出的特点，达到增产增收的目的，又可增加棉田通透性，降低田间湿度，减少烂铃。二是合理整枝。重点抓好打叶枝、剪空枝、打老叶、打(控)边心。三是培土防倒。结合中耕培土壅蔸，培土高度要逐步达到 10～12 厘米。四是科学管理肥水。控氮、增钾、补磷、配微，确保稳发稳长。增施有机肥和磷、钾肥，适量施用氮肥，防止棉株旺长，减轻棉田郁闭，改善通风透光状况。

2. 科学化调，塑造理想株型 化学调控能有效控制植株高度和果枝长度，防止疯长，有利于通风透光，降低田间湿度，防止烂铃，提高产量。棉花化调重点抓好缩节胺的应用。于蕾期、花铃期和打顶后 7 天各喷 1 次，每 667 米^2 参考用量分别为 1 克、2 克、3 克，实际用量可视天气、苗情、品种等情况适当增减。同时，8 月底每 667 米^2 用缩节胺 4 克喷施边心，控制果枝生长和无效花蕾。肥水条件较好的棉田，棉株容易旺长，应于棉花生长的前、中期，合理喷施缩节胺，调节棉花生长，防止棉株徒长，减轻铃病危害。对于行距过窄、封行过早的棉田，为减轻田间过分郁闭，改善中下部光照条件和通风状况，应尽早打去边心，这样可减少蕾铃脱落和烂铃。

3. 及时防治病虫害 铃病及棉铃虫、金刚钻、红铃虫、玉米螟等钻蛀性害虫也会引起棉铃腐烂，及时防治病虫害，避免病菌侵染和害虫为害，能减轻烂铃的发生。在烂铃初发期，即田间有烂铃株率达到 0.1%时，是喷药防治适期，每 667 米^2 用 75%百菌清可湿性粉剂 600 倍液或 50%多菌灵可湿性粉剂 500 倍液喷防，也可用

40%乙磷铝可湿性粉剂 200～300 倍液或 1∶200 倍波尔多液，每 667 米^2 每次喷施药液 45～60 升，间隔 6～8 天再喷 1 次，连喷 2～3 次。喷药前采摘吐絮棉铃，以免被药剂污染降低品质。药剂防治是综合防治棉花烂铃的重要措施，要进行针对性杀菌剂喷雾。8～9 月份，当天气预报有连续几天的阴雨天气，应及时进行喷药保护。喷药应集中在棉株中下部。常用药剂有多菌灵 1 000 倍液，58%甲霜灵·锰锌可湿性粉剂 600～800 倍液，80%喷克可湿性粉剂 500～600 倍液，70%百菌清可湿性粉剂 500 倍液等。

4. 及时排水、中耕松土 对于地势低洼、排水不畅、积水较重的棉田，应加深排水沟，以便加快排水速度。排除棉田明涝暗渍，改善棉花生长发育环境条件，实现棉花多结桃、不早衰，减轻铃病危害。另外，对于棉田排水和预防棉花倒伏问题，在棉花开花之前培土也是一项行之有效的农艺措施，应提倡应用。提倡行间中耕松土，破除地面板结，降低棉田湿度，改善棉花生长环境条件，可减轻棉花烂铃。

5. 推株并垄去老叶 彻底改善棉田通风透光状况，降低棉田湿度，减少烂铃，把损失降下来，获得应有的收成。但要注意，这项措施仅作为一项应急措施应用。如果应用过早或不适度，会造成棉花减产并影响纤维品质。

（十）棉花早衰综合防治技术

1. 棉花早衰的原因 主要有以下几点。

一是后期因棉田管理难度加大，管理措施不能及时到位，如排涝不及时等因素，使雨后土壤板结，土壤透气性差，根系生长受阻，吸收能力下降，功能明显衰退，棉株得不到正常的养分和水分供应，出现棉花早衰现象，特别是丘陵地区显得尤为突出。

二是早发棉田桃肥施得早，施肥量偏少，补肥又跟不上去，各器官功能自然衰退，其养分根本满足不了棉株生长的需求。因此，棉株很难嫩过8月份。

三是叶片寿命短，功能低。正常叶片的寿命（生命力）一般在8周左右。由于防病治虫不彻底，受到红蜘蛛、棉蚜、斜纹夜蛾、红（黄）叶凋枯病、早枯病、黄枯萎病的危害，脱肥早，造成叶片受损，甚至脱落。

四是抗虫棉因导入基因，生理发生了变化。

五是营养钵育苗移栽棉，因而具有易早发、上桃快的特点。

2. 防止棉花早衰的具体措施

（1）应补肥的尽早补肥　为了使棉花嫩过8月份，秋天桃盖顶，防止早衰补肥十分关键。对于基肥足、桃肥重、棉株生长粗壮、冠部（顶尖）肥大、主茎上部绿叶较多、叶色深绿、后劲足的，可以不追肥。对于伏前桃和伏桃多的，黄河流域繁育的易早衰品种，沙性较重土壤、低洼易水渍、土壤贫瘠、茎枝较瘦弱的田块，应施好追肥。补肥宜早不宜迟，必须在8月15日前施完。每667米^{2}施尿素6千克左右。施肥方法可在雨前撒施于培土行上，若无雨可用施肥器水施。

（2）及时浅松土破板结　雨后对于没有封行的棉田，特别是丘陵地区，应及时浅松土破板结。松土不能过深，以免损伤根系，破坏培土。若不愿松土的，可喷施土壤调理剂免深耕。喷施免深耕能破除板结，疏松土壤，改良土壤结构；能充分发挥肥效作用，促进根系正常生长，提高根系吸收能力。喷施免深耕的方法，每667米^{2}用药量200毫升（1瓶），对水50升，均匀地喷施在培土行上。没有培土的棉田不能喷施，以免造成棉株倒伏。

（3）注意防治红（黄）凋枯病　由于雨后突然暴晴，土壤严重板结，又没有及时松土，土壤透气性差，再加之缺钾，最容易引发红（黄）凋枯病。具体防治方法：一是在抓紧浅松土破板结，结合松土追施尿素的同时，施氯化钾7.5千克。二是喷施钾天下或钾宝2～3次，实施根外补钾。三是认真清理好沟畦，防止再受水渍。

(十一)棉花涝灾后管理措施

多雨地区或多雨季节,常因连降暴雨或洪水浸没,棉田积水深,积水时间长,以至老叶沾泥、嫩叶枯黄、主根发黑、毛根渍死、花蕾脱落。受涝棉花整株淹没3天以上或浸泡7天以上的,根系腐烂变黄,顶叶枯死,此类棉苗存活的可能性极小,需改种。排出水后2~3天,每667米^{2}存活棉株在500株以上的应保留抢管,并间作套种大豆、玉米、芝麻等其他作物;每667米^{2}存活棉株不足500株的,应及早改种换茬。棉花受灾后根系受损,主根及侧根变黄,根尖呈水渍状,如果棉茎和顶心呈青绿色,说明棉株仍有生机,应采取"抢排水、早松土、重施肥、防病虫、迟打顶、勤整枝"的抗逆应变措施。

1. 清理田间沟系 涝灾发生后立即清理田间沟系,抢时间排涝,加深畦沟和相应排水沟,尽快降低地下水位,降渍,保证棉花正常生长。同时要趁水还没退完,抓紧洗苗,水退到哪里,就洗到哪里,把叶片、茎秆上的糊泥洗净,以恢复叶片正常的光合作用。

2. 突击扶理棉株 灾后棉花根系受损,棉株容易倒伏,应及时扶理,改善田间环境,减少蕾铃脱落。受涝棉株如不及时扶理,将造成烂叶、烂蕾、烂铃。

3. 及时松土壅根 田间积水排除后1周内,应及时松土壅根,破除土壤表面板结层,增加土壤通透性,改善根系环境,促进根系恢复。同时要培小高垄,提高棉株抗倒伏能力。待棉田土壤稍干后及时中耕松土,以利于通气,促进根系生长。中耕深度至少要达10厘米。过一段时间,再中耕第二次,同时要视苗情适当培土。

4. 科学追施恢复肥 棉株受损较轻的,要及早重施花铃肥;受损较重的,先看苗施用恢复肥,一般每667米^{2}施尿素10千克,然后适当推迟施用花铃肥,巧施盖顶肥,配合施用钾肥,提倡施用棉花配方专用肥、有机无机肥,做到开塘深施,快促猛攻,尽快使棉花转入增节增蕾开花结铃的高峰时期。为弥补营养不足,还可外用0.2%磷酸二氢钾加1%尿素混合液进行叶面喷施,促进棉株生理功能早日恢复。

5. 合理调整化控 棉花受涝后,生长发育受阻,应适当减少化控药剂用量或推迟化控时间,具体根据苗情而定。但也有可能受涝后的棉苗,因湿度大、生长快,对于有徒长趋势的棉苗,要根据不同情况,适时喷施缩节胺进行化控,塑造理想株型。受涝后的棉株发育迟缓,晚桃多,极易贪青晚熟,在生长后期适时喷洒乙烯利可促进其早熟。

6. 适当推迟打顶 受淹棉花大部分蕾铃脱落严重,生长高峰相对推迟。为了增加棉花顶部成铃,增结秋桃,打顶时间应比正常推迟5天左右。对下部没有蕾铃及叶片发黑的果枝要剪去,及时抹掉赘芽;对没有顶心的棉株,每株可留两个果枝,形成“双秆棉”。

7. 加强病虫害防治 受涝棉苗易感立枯病、炭疽病、疫病等,可喷洒50%多菌灵1~2次,或使用适当浓度的波尔多液进行防治。对虫害,应及时进行综合防治。另外,棉花受灾后生长发育受阻,蕾铃脱落加重,如再遭受病虫危害,产量损失将会更大。雨涝后棉花枯萎病、黄萎病、盲椿象等病虫害发生加重,应及时采取措施防治。

8. 注重后期管理 棉花发生涝渍灾害后生长发育推迟,后期管理更应加强,以充分利用棉花的自我调节能力,减少产量损失。在恢复生长期间,必须加强整枝工作,减少新生叶枝和赘芽,减少养分无效消耗,保证后期结铃有充足的营养基础。

(十二)棉花雹灾后管理措施

有些地区在棉花生长期间,容易遭受冰雹灾害。冰雹发生时间多在6~7月份。此时棉花正处在盛蕾初花期,再生能力强,灾后只要加强管理,仍能获得较好收成。我们在实践中摸索出了一套棉花雹灾后视轻重分类管理技术，其要点如下。

1. 及时排水防涝 冰雹往往伴随狂风暴雨，常会造成田间积水，土壤湿度过大，易造成棉根受害，影响棉花正常生长，雹灾后应立即清沟排水降湿。

2. 中耕松土 雹灾后棉田土壤板结，地温低，湿度大，各类受灾棉田都要及时中耕松土，破除板结，提高地温，促进根系的生理活动，使棉株尽快恢复正常生长。

3. 根据受灾程度，分类处理

(1)*雹灾后80%以上棉株光秆的重灾棉田* 建议拔掉棉株改种其他作物，以最大限度地减少经济损失。

(2)*雹灾后50%～80%棉株光秆的棉田* 建议备播其他作物，并暂时保留棉株。依天气变化，视棉株恢复情况而定。若枯死棉株在40%以下，保留棉花较改种的作物收益大，就保留棉花；否则就拔掉棉花，改种其他作物。

(3)*仅叶片破碎或部分果枝折断的棉田* 要早去赘芽和叶枝，保证顶芽正常发育生长。对无头的棉株，可保留2～3个叶枝代替主茎，每个叶枝上留3～4个果枝。

(4)*雹灾后50%以上的棉株有2～3个残留果枝保留下来的棉田* 应立即采取以下措施。

①追施速效肥料：结合排水和中耕松土，对倒伏棉株扶正培土，以利早日转好。早追施速效肥料，促使棉株早生新枝叶，速增蕾铃。一般每667米^{2}追施尿素10千克，开沟施入，充分满足棉株重新建造营养体和蕾花铃的需要。

②适时整枝定型：受雹灾棉株恢复生长后，形成枝杈较多，整枝不及时会造成棉株疯长。因此，棉株新生枝叶长出后一定要根据密度、地力等条件适时整枝定型。对断头棉，当新芽长到3厘米时，按照“留上不留下，留壮不留弱”的原则，选留2～4个新芽代替茎，密度大的每株可留2个叶枝代替主茎，密度小的每株可留3个

叶枝代替主茎，但要特别注意及时抹赘芽、适时打顶尖，以集中养分攻大桃。

③科学化控：雹灾后棉花要轻控、勤控，本着少量多次的原则，依地力、棉株长势和天气状况适时化控。每667米^{2}缩节胺用量：第一次1～2克，第二次2克，第三次3克，第四次3克。

④及时除虫：雹灾棉田新生枝叶较嫩，极易受棉蚜等害虫的为害，特别是湿度较大，有利于棉蚜的发生。所以要密切注意棉田害虫的动向，及时除治，以防因棉田害虫的为害再度遭受损失。

（十三）棉花发生药害后的补救措施

棉花在生长发育过程中，由于病虫草害种类多、危害大，需要反复、多次进行药剂防治；一旦施药不当，很容易对棉花造成药害，轻则影响生长发育，严重时植株变态甚至死亡。棉花发生药害后可采取以下补救措施。

1. 淋洗　多数化学药剂都不耐水冲刷，如果发现用药不当，可立即用喷雾器装满清水对着茎叶反复冲洗，以冲去残留在棉株表面的药剂，减轻药害。冲洗时，喷雾器的气压要足，喷洒的水量要大。对于采用土壤施药的棉田和一些除草剂引起的药害，可立即灌水洗土，将残留药剂淋入土壤深层。

2. 补肥　一般对产生叶部药斑、叶缘焦枯、植株黄化等症状的药害，增施肥料或叶面喷施绿风95、高美施、植物动力2003、天达2116等，均可减轻药害程度。如棉苗出现2,4-D丁酯药害时，可追施适量速效氮肥，促进发棵发叶，使棉株尽快恢复正常的生长发育。

3. 化控　对一些除草剂、植物生长调节剂引起的药害，可在药害后有针对性地喷洒植物生长调节剂进行逆向调节。如棉苗受2,4-D药害后，用30～50毫克/升赤霉素溶液叶面喷施，有明显促进植株生长的作用；棉花发生矮壮素药害时，喷洒赤霉素溶液，可缓解药害。

4. 细管 棉花发生药害后，及时摘除褪绿、变态的枝叶，可减少药剂在植株内的渗透、传导；及时中耕松土，适当增施磷、钾肥，可促进根系发育，有利于增强棉株的抵抗能力。

（十四）人工杂交制种技术

目前，我国棉花杂交种子生产还未达到标准化，但大面积制种基本是以农户为基本单位进行的。实践证明，制种基地宜选择经济相对欠发达地区的植棉县，这些地区劳动用工成本低，且农民具有较高的棉花种植管理水平，组织管理可依托当地县、乡政府或村委会。

1. 栽培方式及管理要点 为便于监督管理，所有制种须成方连片，集中种植。父、母本同期播种，种植行比为 1:10。母本种植密度每 667 米^2 2 500～3 300 株，因地力而定，肥水条件好宜稀，差则密。宽窄行种植，宽行 80～90 厘米，窄行 50～60 厘米。父本密度可加大到每 667 米^2 3 500～4 000 株。制种田要求平坦，排灌方便，水肥条件好。要求基肥每 667 米^2 施农家肥 5 米^3 左右，磷酸二铵 25 千克，尿素 10 千克，适当增施钾肥。合理化控，塑造通风透光的理想株型。若母本为非抗虫棉，则应及时防治棉铃虫、蚜虫等害虫。

2. 人工去雄 人工去雄授粉法是目前世界上应用最广泛的一种杂种种子生产方法，即用手工除去母本花朵中的雄蕊，然后授以父本花粉来生产杂交种。这种方法去雄过程费时费工，增加了杂交种生产成本。但近年来随着人工去雄技术的改进，制种产量也在不断提高。同时，棉花人工制种制成的杂交种亲本选配灵活，且无不育因子的介入，在生产上大多数还可利用二代种，使杂种优势的利用面积比只利用杂种一代扩大了 50 余倍，从而大大提高了棉花杂交种的使用面积。

大面积人工制种宜采用“全株”去雄授粉方法。工具去雄虽然能够提高去雄速度,但不易掌握,容易造成剩余花粉粒,影响制种纯度,因而多采用手工去雄。方法是:选取第二天上午将开放的花苞,手工将花冠连同雄蕊部分全部剥掉,保留柱头、子房、苞叶和花托。逐株逐花进行操作。并且将去雄花蕾进行标记,以备授粉时容易辨认。圆满的操作应当做到去雄彻底,即花柱上不得存有花丝和花药,且不能损伤子房、柱头和苞叶。

由于各花蕾的花冠生长快慢有差异,有些第二天开的花在下午天黑之前难以辨认,因而为提高制种产量,分别在下午3时后和次日清晨分两次去雄,但全部去雄操作需在清晨6时30分以前完成,否则容易发生自花授粉现象,影响制种纯度。

3. 采粉授粉　采用人工采粉、青霉素小瓶授粉法。方法是:于去雄第二天上午7～8时将父本已开放的花的花粉粒取下,晾晒,使花粉充分散开,装入瓶塞上具圆孔的小瓶中,对前一天去雄标记的花蕾进行逐花逐株授粉。注意授粉量必须充足,否则易造成畸形桃或脱落。授粉时间,晴天一般为上午9时、下午1时,阴天可适当推迟。开花前3天的早开花蕾可以全部去除。授粉结束后,应于当天或第二天将无效花蕾全部剪掉。

4. 制种效果　一般父母本行比为1:5～8,密度3.3万～3.75万株/公顷,每公顷配备制种人员45人,管理人员1～2人,投工1 500个,生产种子1 320千克/公顷。或者,父母本行比为1:10,密度3.75万～4.95万株/公顷,每公顷备制种工50人,管理人员1～2人,投工2 625个,生产种子1 875千克/公顷。种子质量标准:含水量低于12%,发芽率80%以上,纯度98%。

5. 化学杀雄　用化学药剂(杀配子剂、化学杂交剂)杀死雄蕊,而不损伤雌蕊的正常受精能力,可省去用手工去雄。配组合方便、灵活,是被广泛采用的一种方法。然而,由于用化学药剂杀雄不够稳定,用药量较难掌握,常引起药害。且棉花的开花期长,期间受地区和气候条件影响较大,从而难以在生产上应用。

6. 应用指示性状制种 用苗期具有隐性性状的品种(系)作为母本,与具有相对显性性状的父本品种杂交,杂种一代根据苗期显性性状的有无识别真假杂种,从而免去人工去雄的操作。用指示性状制种,指示性状表现必须明显,对产量、农艺性状无不良影响。目前由于遗传工程研究的进展,抗除草剂的转基因棉花也可作为指示性状用于组合的筛选。应用指示性状制种,关键是要选出优势明显的杂种棉组合。

7. 雄性不育制种法 利用雄性不育系制种,可以避免费时费工和人工去雄工作,从而提高制种效率,降低制种成本。雄性不育制种又分为三系法和两系法。三系法是利用雄性不育系、保持系和恢复系"三系配套"的方法制种。美国 Meyer(1974)育成了具有野生二倍体哈尼西棉细胞质的雄性不育系,其育性稳定,并有较好的农艺性状。一般陆地棉品种都可以作为它的保持系。同时也育成了相应的恢复系 DES-HAF277、DES-HAF16,但由于这两个恢复系的育性恢复能力不强,因此与不育系杂交产生的杂种一代的育性恢复程度变幅很大,正在进一步研究提高恢复系的育性恢复能力。此外,在三系法制种的利用研究中,传粉媒介的问题也尚未完全解决。两系法即利用核不育基因控制的雄性不育系制种。四川省仪陇县棉花原种场选育的洞 A 核雄性不育系的不育性就是受一种隐性核基因控制的,表现整株不育,不育性稳定,以正常的可育姊妹株与其杂交,杂种一代将出现不育株和可育株各一半。不育株用作不育系,可育株用作保持系,则可一系两用,不需要再选育保持系,故称为二系法或一系"两面三刀"用法。

8. 种子采收与加工 制种田收获时必须在地头集中收获,并须按要求时间采摘。采摘后的棉花应充分晾晒,并集中存放籽棉,统一轧花包装,严禁入户保存种子或籽棉。

9. 组织管理 为保证种子质量和制种工作顺利进行,需做到以下几点：一是亲本种子统一提纯、繁殖，按量集中发放；二是根据各农户劳动力承受能力安排其制种田面积；三是安排专人监督去雄授粉质量，一般每 0.67 公顷（10 亩）制种田 1 人；四是各制种户制种开始和结束时间及采摘时间，需按要求严格保持一致。

（十五）棉花留种注意事项

一不要选病虫害严重的棉株。枯、黄萎病是制约棉花产量的顽症，棉籽又是病菌的载体，病菌可以随着棉籽迅速传播。因此，对感枯、黄萎病的棉株和抗虫性不好的棉株一定要淘汰（在重病地表现良好的棉株则可以留种）。

二不要选伏前桃和晚秋桃。这种桃生长发育不良，成熟度差，铃重轻，种子发芽率低，长势弱。

三不要用“剥桃花”的棉籽。有些棉农对发育较为充分的伏桃，仍然有“剥裂嘴桃、摘湿花”的陋习，由于其没有充分成熟，更没有完成后熟作用，绝对不能留种。

四不要用喷乙烯利的棉籽。喷施乙烯利虽可促棉花早熟 5～7 天，但对棉籽损伤较大，致使其发育不全，不能作种用。

五不要用退化严重的品种。棉花是常异花授粉作物，异交率在 3%～20%。抗虫棉品种在经过几年的连续繁殖过程中，如果不加以提纯复壮，常因昆虫传粉而造成生物学混杂。对纯度不高的地块应避免留种。

六不要选杂交棉品种。在当前的科技水平下，杂交棉品种并不完善，且 F_2 代的分离现象十分严重，应避免采用。

七不要在水泥地面上晒种。在水泥地面上晒含水量较高的棉籽，会使部分棉籽形成“哑籽”，失去发芽能力。

八不要与农药、化肥一起存放。有些农户将棉籽与农药、化肥长期存放在一起，由于通气不良且农药、化肥散发的有毒气体损伤棉籽正常的生理，造成发芽率锐减。

九不要机械损伤过重的棉籽。精加工的包衣棉种中,机械损伤率应控制在2%以内。破籽率超过2%的棉籽,受药物浸染过重,对发芽率影响很大。破籽率过高就不宜于作种用。

综上所述,建议广大棉农留种应注意“五要”:要选择品种纯度高的地块,要选择无病虫害的棉株,要抛开田边地头而在地中央选种,要选择“伏桃”,要用完熟的“干花”。

思考题

1. 简述棉花良种概念和棉花品种特性。

2. 棉花“三适”播种的含义是什么?

3. 棉花营养钵苗床出苗阶段的管理要点有哪些?

4. 棉花苗床僵苗形成的原因及防治方法有哪些?

5. 怎样进行棉花移栽?

6. 棉花苗期、蕾期田间管理的要点有哪些?

7. 棉花化学整枝的技术及注意事项是什么?

8. 棉花打顶技术的要点有哪些?

9. 棉花化学调控技术的要点有哪些?

10. 棉花花铃期、吐絮期田间管理的要点有哪些?

11. 棉花双膜栽培技术与棉花地膜覆盖栽培技术有什么不同?

12. 棉花密、矮、早、膜栽培技术的要点是什么?

13. 棉花油后栽培技术的要点是什么?

14. 麦套棉早熟高产栽培技术与麦后棉早熟高产栽培技术各有哪些?

15. 棉花乙烯利催熟技术与克芜踪催熟技术有什么相同和不同?

16. 棉花烂铃和早衰综合防治技术有哪些?

17. 棉花涝灾、雹灾后管理措施和发生药害后的补救措施都有哪些?

第四章　棉花收获与贮藏

一、采摘棉花的要求

棉花采摘是生产中最后一个环节,如果采摘不当也会降低棉花等级,减少棉农收入。开裂后的棉铃需经 3~4 天后,种子和纤维才能完全成熟,故棉铃从开始开裂到完全成熟一般需要 6~7 天。成熟的棉铃摘拾后纤维品质好、产量高。因此,棉花采摘过早过晚都不好。采摘棉花有以下要求。

第一,适时采摘。当棉田大部分棉株有 1~2 个铃吐絮,铃壳出现翻卷变干,棉絮干燥、用手一抓就掉,这便是收摘的最适时期,即可开始采收。以后每 5~7 天采收 1 次。若采摘过早,棉花纤维尚未充分成熟,产量和品质降低;采摘过晚,棉絮经风吹日晒,会降低纤维拉力,色泽受到污染,也会降低棉花质量。采摘时还应注意天气变化,做到晴天及时快摘,雨前抢摘,露水不干不摘。

第二,做到"五分、四净、六不带"。"五分"即不同品种分收,留种花与一般花分收,霜前花与霜后花分收,好花与僵瓣花分收,正常成熟的花与剥桃花分收,以便分级出售。"四净"即棉株上的花拾净,铃壳内花瓣拾净,落地花拾净,棉絮上的叶屑杂物去净。"六不带"指拾花不带草籽、不带棉壳、不带发丝、不带化纤品、不带动物毛、不带杂物。还应做到分晒、分轧、分存、分售。

第三,及时晾晒。收回的花要及时晾晒 2~3 天,使棉花纤维和籽壳发干,并做好分级、分存。有些棉农担心棉花丢失,习惯于采摘"笑口桃"(刚裂口棉铃),这不仅对产量和品质有较大影响,而且含水量高,易发霉变质,因此更应做好晾晒工作。

第四，防止雨淋。成熟的棉絮遇雨后，棉壳、棉叶、包叶的色素都会污染棉纤维，使洁白的棉纤维出现阴黄、阴红、灰白的斑点等。如果遇到连阴雨，还会造成霉烂变质。因此，要随时掌握天气变化情况，注意天气预报，抢在雨前采摘棉花。

第五，搞好“四分”。采摘棉花时，要把好花、僵瓣棉、落地棉分开采摘、分开晒、分开收存，不能混在一起，以便分级出售。在晒棉花时，忌在水泥地面和晒席内晒花，应用透气的竹帘、竹笆按等级分开翻晒，以保证棉花品级。

二、棉花机械采收技术

棉花机械采收具有效率高、成本低等优势，这是发展棉花专业生产的必由之路。棉花机械采收主要包括3个环节。

（一）化学脱叶催熟

1. 喷施氯酸镁 施用时间以日平均温度高于14℃为宜。约在枯霜前1个月喷药。每667米^{2}用纯氯酸镁500克。棉株高大则可两次喷药，用药量为每667米^2 1～1.4千克，浓度1.2%～1.5%。第一次是生长旺盛时，主要是脱叶；第二次是10天后再喷，主要是促进裂铃。

2. 喷施乙烯利或克芜踪 参见第三章。

（二）机械采收

机械采收分为3种作业方式。

1. 两次收花 适于我国北方无霜期短的地区。第一次在65%～80%棉铃吐絮时收霜前花，第二次在枯霜后收霜后花。

2. 一次收花 适于北部特早熟棉区株型紧凑的棉花。用采棉机摘下全部籽棉和个别青铃，再通过气流将籽棉和青铃分开。

3. 摘铃 用摘铃机收获残留的霜后棉铃。

(三)清理加工

机械采收的棉花含杂质(主要是碎叶片)较多,所以要进行清理,以清除杂质。

三、僵瓣棉花的处理措施

僵瓣棉花是霜后从棉桃中剥出的等外花,是棉花产量的重要补充。但因其纤维短、白度差而致使销售难、价格低。近两年来,我国棉区的一些农民在实践中摸索出一些简单、实用的快速剥桃、增白及疏松处理的方法,可适当提高棉纤维品级。

(一)僵棉桃热风吐絮

研究表明,棉桃开裂吐絮的过程就是棉桃的脱水过程,僵棉桃就是因气温过快下降使脱水受到限制而形成的。新疆南部棉区的一些棉农发明了一种热风催化吐絮的方法,不仅使僵桃内的籽棉吐絮便于采拾,而且使棉瓣变得蓬松柔软洁白,感官指标有明显提高。

首先准备好一间面积为20~40米^2、高度为3米左右的民房,屋顶和窗口要留有可调气孔。在房内搁置几排框架式的多层筛网架,将未开裂的僵棉桃平铺在长方形筛架的筛网上,其厚度为12~13厘米,接着将房子的门窗封闭,用自制的燃煤热风炉吹入干热风,使室温保持在45℃~50℃,3小时后即可开裂出柔软洁白的棉花。

(二)硬棉桃快速剥壳

目前,我国棉区的僵桃棉花基本是靠妇女和儿童通过手工剥壳取出的，费工费时效率低不说，还会出现人为的劣质棉。陕西渭南农民在实践中发明了一种造价低廉的简易电动剥壳机，对快速剥离霜后未开的硬壳棉非常有效，每小时可加工 100 多千克，不仅有助于将人们从繁重的体力劳动中解脱出来，也使僵桃棉花的加工产业出现新的飞跃。

这种小型棉花剥壳机只需 1 人将棉桃放入进料口，就可以从出料口连续不断地喷出棉花，剥花的同时，可以将碎叶从排杂口排除机外，可使棉花普遍提高 1～2 个等级，特别是对阴雨造成的湿桃、烂桃和霜后久不开裂人工无法剥开的棉桃，均有很好的效果。

四、避免混入异性纤维

异性纤维是指混入棉花中对棉花及其纺织品质量产生严重影响的化学纤维、动物纤维和非棉性纤维等杂物的通称(俗称“三丝”)，如化学纤维、丝、麻、毛发、塑料绳、布块等。异性纤维混入主要发生在棉花收摘、晾晒、包装、运输等生产、加工和流通各个环节，特别是在采摘时，棉农大量使用化纤编织袋以及尼龙绳作为包装和捆扎工具，致使化纤编织袋丝、尼龙绳丝混入棉花。而麻丝、毛发等，也多在采摘、晾晒和交售时混入棉花。

由于异性纤维与棉纤维性质不同，在纺织印染过程中出现缺陷，严重影响了纱和布的质量。在我国纺织品出口日益增多的今天，异性纤维给纺织行业带来的损失日益显现，由此引起的外商索赔案件时有发生，使我国棉花和棉纺织品的信誉受到严重影响。

杜绝异性纤维，首先要从源头抓起。例如，向广大棉农宣传异性纤维的危害，使棉农自觉不用编织袋、尼龙绳、麻绳等采摘或包装棉花。各地棉花收购企业应从采摘、晾晒、交售、上垛、加工等各个环节采取措施，如通过发放或以成本价供应棉布袋，号召棉农使用棉布袋采摘和交售棉花，并使用纯棉绳进行扎口；工作时穿棉布服装，戴棉布帽子；派专人在籽棉垛上挑拣等。

五、棉花收获后贮存

收获的棉花要尽快整理销售，因为各家各户没有合适的棉花贮存条件，容易引起火灾事故。但是，如果必须贮存一段时间，则要做好安全防范措施。

第一，选择合适的地点贮存，并尽量做到与其他农产品和生产工具分开贮存。

第二，注意保持贮存室内空气流通，以降低温度和湿度，防止棉花颜色发黄而降低品级。

第三，注意防火。棉花纤维属高度易燃物品，遇到火种就容易引起燃烧。所以要严禁火种接近棉花贮存室，经常检查室内电线状况，其周围也不要堆放易燃品。

六、棉花收获后的棉田管理

第一，清除田园棉花上的害虫。主要有红铃虫、红蜘蛛、蚜虫、蓟马、盲椿象等，一般在棉田遗留的枯枝、落叶、落铃及杂草上越冬，彻底清除枯枝、落叶、落铃，并铲除棉田四周的杂草，集中起来及时烧毁或深埋沤肥，可有效消灭越冬害虫。

第二，深翻土壤。棉铃虫、地老虎、斜纹夜蛾、造桥虫等在土壤中越冬，可实施翻土杀灭。翻土还可增加土壤通透性，加速土壤熟化，提高土壤的供肥能力。翻土深度以 30 ~ 40 厘米为宜，把表土翻到下面，底土翻到上面，翻起的大土块可不打碎，让其在冬季自然风化。

第三，灌水杀虫。在翻土的基础上进行灌水，可大量杀死土壤中越冬的害虫。据试验，翻土灌水后，可使土中越冬的棉铃虫死亡率达90%以上。灌水宜在“三九”天进行。要灌透,一般每667米^{2}灌水量为80~120米^3。黏土地多灌一些,壤土地可少灌一些。灌水方式以沟灌为宜,使水缓慢浸畦,忌大水漫灌。灌水还可增强土壤的蓄水保墒能力。

思考题

1. 棉花采收的要求有哪些?
2. 棉花机械采收有几个环节?
3. 棉花异性纤维指的是什么?避免混入异性纤维的措施有哪些?
4. 籽棉安全贮存应注意些什么?
5. 棉花收获后棉田管理措施是什么?

第五章　棉花病虫草害防治

棉花生育期很长，其生长发育过程中各种矛盾表现突出，这给病虫杂草的发生发展创造了良好的条件。因此，棉花全生育期间，病、虫、杂草发生数量多、种类杂(表5-1)，危害时间长、程度重。所以，棉花病虫草害的防治工作十分繁重。

表5-1　棉花生长发育期间主要病、虫、草种类

<table>
<tr><th>生育时期</th><th>主要病害</th><th>主要虫害</th><th>主要草害</th></tr>
<tr><td>苗　期</td><td>立枯病、炭疽病、红腐病、猝倒病、黑斑病(棉轮纹病)、角斑病</td><td rowspan="3">小(黄、大)地老虎、蚜虫、红蜘蛛、蓟马、棉铃虫、小造桥虫、大造桥虫、大卷叶螟、银纹夜蛾、斜纹夜蛾、甜菜夜蛾、玉米螟、棉叶蝉、盲椿象、棉粉虱</td><td rowspan="3">牛筋草、马唐、狗尾草、画眉草、狗牙根，莎草、马齿苋、藜、反枝苋、刺苋、龙葵、苍耳、小蓟、铁苋菜、鳢肠、田旋花</td></tr>
<tr><td>蕾　期</td><td>枯萎病、黄萎病、棉茎枯病、叶斑病、棉红叶茎枯病、棉花根结线虫病</td></tr>
<tr><td>铃　期</td><td>疫病、角斑病、炭疽病、红腐病、红粉病、黑果病、曲霉病</td></tr>
</table>

一、棉花病害防治

(一)棉花苗期病害防治

1. 症　状

(1)棉立枯病　棉苗受害后，在近地面的茎基部产生黄褐色病斑，后变成黑褐色，并逐渐凹陷腐烂，严重时病部变细，病苗枯死或萎蔫倒伏。子叶受害形成不规则形黄褐色斑，后病斑破碎脱落成穿孔状。

(2)棉炭疽病　棉籽发芽后受侵染,可在土中腐烂。子叶上病斑黄褐色,上面有橘红色黏状物质,即病菌分生孢子。幼茎基部发病后产生红褐色梭形条斑,后扩大变褐、略凹陷。病斑上有橘红色黏状物。

(3)棉红腐病　幼芽发病变成红褐色,可烂在土中。出土幼苗根部生病,根尖变褐色、腐烂,后蔓延到全根,并可发展到幼茎地面部分,重病苗枯死。病斑不凹陷,土面以下受害的嫩茎和幼根变粗是该病的重要特征。子叶发病,多在边缘生灰红色病斑,病斑常破裂,潮湿时产生红粉,即病菌孢子。

(4)棉苗猝倒病　棉苗出土后,病菌先从幼嫩的细根侵入,在幼茎基部呈现黄色水渍状病斑,严重时病部变软腐烂,颜色加深呈黄褐色,幼苗迅速萎蔫倒伏。子叶也随着褪色,呈水浸状软化。在高湿条件下,病部常产生白色絮状物,即病菌的菌丝。与立枯病不同的是,猝倒病棉苗茎基部没有褐色凹陷病斑。

(5)棉黑斑病　苗期子叶或真叶发病时,叶面产生红绿色小点,随后逐渐扩展成10~15毫米的红褐色病斑,近圆形或不规则形,无明显同心轮纹。潮湿时,病斑表面产生明显的黑色霉层(病菌的分生孢子)。子叶叶柄受害时,出现黑褐色条斑,常造成子叶脱落。

(6)棉角斑病　棉花整个生育期都能遭其危害。子叶发病,背面出现水浸状透明圆形病斑,后扩大变成黑色,并能扩展到幼茎上,使幼苗折断死亡。真叶发病,病斑为灰绿色水浸状,后变成深褐色,因周围受叶脉限制,故病斑呈多角形。有时病斑沿叶脉扩展,在叶脉周围形成褐色条斑,病叶皱缩扭曲。

2. 防治方法

(1)精选种子　选择不带病菌、成熟度好的棉种。在播种前,选晴天晒种2~3天,增加后熟,提高出苗率和出苗速度。切勿在水泥地面或柏油路面上晒种，以免造成种子生理脱水而不能出苗。

(2)农业措施 一是合理轮作。与禾本科作物轮作2～3年或以上。二是合理施肥。冬前深翻熟化土壤，精细整地，增施腐熟有机肥和磷、钾肥，或5406菌肥。三是提高播种质量。地膜覆盖棉适宜播种深度为2.5～3厘米，露地棉为3～4厘米。温度达14℃时为适宜播种期。如果深度达到5厘米会导致出苗率低、苗势差。四是加强苗期管理。适当早间苗、勤中耕，降低土壤湿度，提高土温，培育壮苗。

(3)药物防治 主要是药剂拌种和苗期喷药防治。

一是药剂拌种。包括：①每667米^{2}用种，用25克浸拌种型天达-2116对水1 000～1 500毫升+0.2～0.5克96%恶霉灵药液浸拌种子；②恶霉灵+福美双拌种；③用种子重量0.8%的50%多菌灵或种子重量0.6%的70%甲基托布津拌种。

二是苗期喷药防治。包括：①棉花出苗后喷洒1～2次600～800倍抗旱壮苗型天达-2116+恶霉灵3 000倍液，提高棉苗抗低温和抗病能力；②发病初期喷洒50%多菌灵或70%甲基托布津可湿性粉剂800倍液+70%代森锰锌可湿性粉剂600倍液。

(二)棉花蕾期病害防治

1.棉花枯萎、黄萎病 枯萎、黄萎病是危害棉花最严重的病害，被列为我国植物检疫对象。

(1)症状 棉花感染枯萎病后，可因生育时期及气候条件的不同表现出不同的症状，如黄色网纹型、紫红型、黄化型、青枯型、矮缩型、萎蔫型等。但不论是哪种症状类型的病株，剖开其根、茎或叶柄后，木质部导管变褐色，是其共同特征。

棉花感染黄萎病后，在棉花现蕾前后，开始出现症状。症状有普通型、枯死型和落叶型。普通型叶缘和叶脉间产生淡黄色、不规则斑块，后变褐色呈花西瓜皮状或褐色掌状斑驳，叶缘向上卷曲，严重时全株枯死,但叶片不脱落。枯死型顶部叶片出现不规则失绿斑块,很快变成黄褐色或青枯,主茎和侧枝顶端亦变褐枯死,枯死的叶、蕾多悬挂而不易脱落,也有脱落成光秆的。落叶型仅在江苏局部发生。暴雨或大水漫灌之后,叶片突然萎垂、呈水渍状,随即脱落成光秆,表现出急性萎蔫症状。

棉枯萎病和黄萎病可在同一田块混合发生,也可在同一棉株上混合发生。

(2)防治方法　棉花一旦发生枯萎、黄萎病就难以防治。因此,要坚持“保护无病区,消灭零星病区,控制轻病区,改造重病区”的防治策略。通过植物检疫、建立无病留种田、种子消毒等措施来保护无病区,通过及时拔除病株、消灭病源来消灭零星病区,通过轮作倒茬、科学管理、处理病残体等措施来控制和压缩轻病区,通过种植抗病品种、改进耕作栽培技术等措施来改造重病区。

2. 棉茎枯病

(1)症状　子叶和真叶发病,初为黄褐色小圆斑,边缘紫红色,后扩大成近圆形或不规则形的褐色斑,其表面散生许多小黑点(病原菌)。茎部及叶柄受害,初为红褐色小点,后扩展成暗褐色梭形溃疡斑,中央凹陷,周围紫红。病情严重时,茎枝枯死。

(2)防治方法

①农业防治:合理轮作,合理密植,改善通风透光条件。

②药物防治:一是种衣剂拌种。棉籽硫酸脱绒后,拌上呋喃丹与多菌灵配比为1:0.5的种衣剂,既防病又可兼治蚜虫。二是苗期或成株期发病,可用65%代森锌800倍液,或70%甲基托布津1000倍液加600倍棉花专用型天达-2116药液喷雾防治。

3. 棉叶斑病

(1)症状　主要危害叶片。初在叶片上产生暗红色斑点,逐渐扩大为圆形至不规则形病斑。病斑边缘紫红色、略隆起,中央灰褐色。潮湿时病斑上有白色霉状物(病菌分生孢子)。

(2)防治方法 ①每667米^{2}用种,用25克浸拌种型天达-2116对水1 000~1 500毫升+0.2~0.5克96%天达恶霉灵药液浸拌种子,或用种子重量0.8%的50%多菌灵,或种子重量0.6%的70%甲基托布津拌种。②发病初期用棉花专用型天达-2116农药600倍液+50%多菌灵可湿性粉剂500倍液或70%甲基托布津可湿性粉剂800倍液喷雾。

4. 棉花根结线虫病

(1)症状 播种后1个月便可看到主根及侧根上有不规则的膨大瘤状物,即根结。随着侵染加重,根结增多膨大,可造成根部维管束运输中断,地上部可表现矮化,叶片变黄乃至萎蔫,严重者棉株死亡。

(2)防治方法

①轮作:与大豆、花生或水稻等抗病作物实行3年以上的轮作。

②消灭病源:棉花拔秆后,彻底清除病体并集中烧毁。

③药物防治:每667米^{2}用3%呋喃丹颗粒剂4~5千克混少量细土,施入播种沟内,或在棉苗附近挖沟施入,然后盖土。也可每667米^{2}用80%二溴氯丙烷5千克,加水50升,按播种行距开15厘米深的沟,用去掉喷头的喷雾器将药液施入沟内,盖严后播种。

5. 棉红叶茎枯病

(1)症状 该病是一种生理性病害,多在蕾期始发,铃期盛发,病叶自上而下、从外向内发展。初期叶缘变成黄褐色,叶肉组织褪绿,叶脉仍保持绿色。以后叶色逐渐由黄色变成紫红色,叶肉变厚,叶片皱缩、发脆。严重时,叶柄基部变软,失水干缩,致使叶片萎蔫下垂,最后干枯脱落。同时蕾铃大量脱落,根系发育不良,主根短而细,须根少,颜色深褐,根尖变黑。

(2)防治方法 一是精耕细作,提高土壤的保水、保肥能力。二是重施基肥,巧施追肥,防止棉株后期脱肥。做到轻施苗肥,巧施蕾肥，重施花铃肥，补施盖顶肥。三是叶面喷施600倍棉花专用型天达-2116药液3～4次，提高植株的抗病、抗旱、耐涝等抗逆性能，效果甚好。四是注意及时中耕、灌水，雨季开沟排水。

(三)棉花铃期病害防治

1. 症　状

(1)疫病　主要危害下部大铃，棉铃基部、铃缝和铃尖先受侵染发病。病斑开始呈暗绿色、水渍状，逐渐扩展到全铃，变成青褐色至黄褐色，3～5天整个铃面变成光亮的青绿色或黑褐色，界限不明显。潮湿时，铃面生出一层稀薄的白色至黄白色霉层，最后全铃软腐，棉絮变成僵瓣。

(2)角斑病　发病初期为油渍状小斑，后变黑色并凹陷成圆斑，或数个相连成不规则的病斑。

(3)炭疽病　初为红色小点，后扩大为稍凹陷的褐色圆斑，边缘紫红色，斑上生橘红色黏状物。

(4)红腐病　病斑多从铃尖、铃壳裂缝或铃基部发生，初呈墨绿色、水渍状，常迅速扩及全铃而呈黑褐色腐烂，并在多裂缝及病部表面生有白色至粉红色的霉层。

(5)红粉病　多在裂缝处生有粉红色松散的霉层，开始时霉层较薄，以后全铃壳均布满橘红色厚而紧密的霉层。红粉病致棉铃不能吐絮，纤维变成褐色黏结在一起，棉瓤干腐。

(6)黑果病　全铃受害，铃色黑而僵硬，多不开裂，布满小黑点。

(7)曲霉病　铃壳的裂缝处或虫孔处产生黄褐色粉状物，棉铃不能正常开裂。空气潮湿时，粉状物四周生有黄褐色绒毛状霉。

(8)软腐病　多发生在铃壳缝隙或受到损伤及害虫蛀食的棉铃上。病铃初呈深蓝色或褐色病斑，以后扩大成为软腐物，表面生有大量白色短毛状物，每根短毛顶端生有一黑色小点。

2. 防治方法

(1)农业防治　冬季清除烂铃及病残体,减少侵染源。实行棉花与禾本科作物特别是水稻轮作。合理施肥,及时打顶,剪除空枝、老叶,使棉田通风透光,减少烂铃发生。棉田发现烂铃后,及时采摘,并带出田外,减少传染源。

(2)药物防治　可用代森锰锌400倍液、杀毒矾500倍液等,每10天喷洒1次,共喷2~3次。

(四)棉花生理性病害防治

1. 缺素症　棉花在生长发育过程中,由于某种营养元素缺乏而引起的植物生理失调,生长不正常而出现的各种病状,称为缺素症。主要有缺氮、缺磷、缺钾、缺铁、缺镁、缺硼、缺钙等。

导致棉花缺素症的原因很多,如土壤中真正缺少某种营养元素;土壤中虽然存在某种元素,但由于土壤状况不良,肥料元素不能被植株吸收和利用;由于某些元素或养料过多,发生拮抗作用,致使营养物质供应失调,造成棉株相对地缺少某种元素或养料。此外,棉株对营养元素的吸收、利用,还与棉株的生长发育状况尤其是根系发育情况、土壤条件、气候条件等都有密切关系。

防治棉花缺素症,首先要测定土壤中有关营养元素的含量,结合当地的施肥特点、棉花的生长状况,并要考虑到与肥料吸收和利用有关的条件,制订措施,加以解决。

2. 棉花药害　农药使用不当,如高浓度用药、高温下施药、花期施药,特别是使用对棉花敏感的除草剂时,均可形成药害。

(1)症状　触杀性药剂可产生急性药害,一般在几小时至几天内出现药害,轻者表现为叶缘和叶尖烫伤、变色、卷缩、焦枯等,重者叶片大部呈水渍状,或出现斑枯、条纹、变色、卷缩、焦枯等症状。内吸性药剂则产生慢性药害,施药后较长时间才表现出植株矮化、畸形、叶肉增厚、叶色深绿、叶片皱缩等,严重时侧枝丛生、生长点坏死。苯氧羧酸类除草剂如二甲四氯、2,4-D、2,4-D 丁酯等在低浓度时表现刺激作用,高浓度时则抑制生长,表现畸形,甚至死亡。如棉花受 2,4-D 药害后,叶片变小、变窄,呈鸡爪状。氟乐灵的过量使用会使棉花主根形成肿瘤,次生根生长受抑制,生长发育受阻、变弱。残效期长的除草剂,如氟乐灵、莠去津、虎威、绿黄隆等,其残留毒性往往造成轮作中敏感的后茬作物受药害。

(2)防止措施　防止棉花产生药害,首先要选好农药,看清剂型、含量、质量和防治对象,严格按操作规定使用。若用除草剂进行土壤处理,有机质含量高的黏性土用药量可稍多一点,有机质含量低的沙土用药量应少些。喷施除草剂时要注意风向,设立隔离带,防止药剂随风飘移而伤害邻近的敏感作物。喷洒除草剂的喷雾器应专用,否则施过药后要把喷雾器认真冲洗干净,以免以后伤害其他作物。

(3)补救措施　一旦产生药害,完全克服已不可能,可采取补救措施减轻药害。对于触杀型除草剂药害,可追施速效肥料及根外追肥来挽救,以迅速恢复作物生长;对苯氧羧酸类除草剂如 2,4-D、二甲四氯雾滴飘移到棉花上产生的药害,可打去畸形枝,并喷洒赤霉素或撒草木灰、活性炭等,促进侧枝正常生长。安全保护剂 25788 对酰胺类除草剂如敌草能、拉索、丁草胺、乙草胺、金都尔等有良好的保护作用,可根据情况选择使用,以避免或减轻除草剂的药害。

二、棉花害虫防治

(一)地老虎

为害棉花的地老虎包括小地老虎(也叫土蚕、切根虫,全国各棉区均有发生)、黄地老虎(主要分布在西北内陆棉区和黄河流域棉区）和大地老虎（全国各地均有分布，常与小地老虎混合发生）。幼虫食叶肉留表皮，进而咬食叶片成缺刻，咬食棉苗生长点后形成多头棉，3龄后可咬断主茎，引起缺苗断垄。其防治方法可归纳为以下几点。

1. 农业措施　棉田冬前深翻，翌年早春土壤翻浆时及时耙地，清除杂草，减少成虫产卵。播前精细整地，可消灭部分幼龄害虫。

2. 诱杀成虫　成虫发生期，用黑光灯或杨树枝把或泡桐树叶诱杀。或每667米^{2}可用75%～80%敌百虫粉剂170克同米糠混合后，在0.8升水中加入粗糖160克、醋25毫升、白酒30毫升混匀，将两种混合物混拌后，撒施地中。

3. 药物防治

（1）毒饵诱杀　90%敌百虫晶体200克或2.5%高效氟氯氰菊酯100毫升，对水5升，均匀喷洒50千克炒香的棉籽饼或豆饼或麦麸，或均匀喷洒50千克切碎的鲜嫩青草或青菜，制成毒饵。日落后，将毒饵撒在幼苗附近或行间，可诱杀地老虎幼虫。幼苗出土前，于日落后田间撒毒饵，其防治效果更佳。

（2）喷雾防治　棉花苗期用2.5%阿维菌素1 500倍液，或2.5%高效氟氯氰菊酯1 500倍液，或4.5%高效氯氰菊酯1 500倍液，细致喷洒，可兼治棉蚜。田间杂草上也要喷洒。

（二）棉　蚜

棉蚜俗称腻虫、蜜虫。全国各棉区均有发生，以黄河流域棉区、辽河流域棉区和西北内陆棉区发生早、为害重。苗期受害，叶片卷缩，推迟开花结铃。成株期受害后，上部叶片卷缩，中部叶片呈现油光，下部叶片枯黄脱落。蕾铃受害，引起蕾铃脱落。其防治方法可归纳为以下几点。

1. 农业措施　冬、春季铲除田边地头杂草，并在冬前进行深耕,消灭越冬寄主。早春在越冬寄主上喷施氧化乐果,消灭越冬寄主上的蚜虫。实行棉麦套种,棉田中插种或地边点种春玉米、高粱、油菜等,以招引天敌,控制蚜虫。

2. 药物拌种 春播前,先把棉种在清水中浸泡 8~10 小时,捞出控干水分,用 10%吡虫啉可湿性粉剂 50 克,均匀拌在 5 千克棉种上,然后播种。

3. 叶面喷雾 棉蚜始发生期(卷叶株率达 10%~15%),用 3%天达啶虫脒乳油 1 000 倍液,或 2.5%高效氟氯氰菊酯乳油 1 500 倍液,或 10%吡虫啉可湿性粉剂 3 000 倍液,或 10%蚜虫清 1 000 倍液,均匀喷雾。也可用毙蚜丁(烟碱)和增效烟碱,对天敌基本安全,棉蚜未产生抗性,每 667 米^2 用量为 50 克。在成株期用聚乙烯醇 1 克、水 50 毫升搅匀后,将药液涂在棉茎红绿交界处,蘸 1 次药可涂 7~10 株棉株,注意不要环涂或复涂。各地要根据用药的历史、棉蚜产生抗药性的实际情况来选定,而且要轮换使用。

(三)棉红蜘蛛

棉红蜘蛛也叫棉叶螨、火龙。全国各棉区均有发生,在黄河流域棉区以朱砂叶螨为主,并与截形叶螨混合发生。棉叶螨的成螨和若螨聚集在叶片背面刺吸汁液。朱砂叶螨为害后,叶片出现小红点。为害严重时,红叶面积扩大,棉叶和蕾铃大量焦枯脱落,状如火烧。截形叶螨为害后,叶片发生黄白点,后呈枯黄斑块而脱落。其防治方法可归纳为以下几点。

1. 农业措施 冬、春季结合积肥清除田间地边杂草,冬耕、冬灌,消灭越冬虫源。

2. 药物防治 当棉田有螨株率达 3%~5%时应进行化学防治。发现一株打一圈,发现一点打一片。可选用 800~1 000 倍的三氯杀螨醇,或 2%天达阿维菌素 4 000 倍液,或 10%浏阳霉素 1 500 倍液,或 5%卡死克 1 500 倍液,或 73%克螨特 2 000 倍液,或

10%吡虫啉可湿性粉剂3000倍液，交替叶背叶面喷雾。为了防止棉叶螨产生抗药性，要搭配使用扫螨净、猛杀螨等杀螨剂。还可推广使用阿维菌素来防治棉叶螨。阿维菌素由于可正面施药，达到反面死虫的效果，防治起来更简单易行，且防治期长，效果稳定。

(四)棉蓟马

棉蓟马也叫烟蓟马、葱蓟马。全国各棉区均有发生。棉花子叶受害后，叶片变厚，叶背密布银灰色小斑点，生长点被锉食后形成只有两片肥大子叶的“公棉花”。真叶长出后生长点被害，枝叶丛生，形成多头棉，结铃显著减少。其防治方法可归纳为以下几点。

1. 农业措施　棉田冬前深耕，春季清除田内外杂草，减少越冬虫源。棉苗出土后，结合田间定苗，拔除“公棉花”和“多头棉”，带出田外深埋。

2. 药物防治　用3%天达啶虫脒乳油1000倍液，或10%吡虫啉可湿性粉剂3000倍液，或2.5%天达高效氟氯氰菊酯乳油1500倍液，或2%天达阿维菌素4000倍液，均匀喷雾。上述药物应交替使用，以防害虫产生抗药性。

(五)棉铃虫及其他鳞翅目害虫

为害棉花的鳞翅目害虫有多种，除棉铃虫外还有棉小造桥虫、棉大造桥虫、棉大卷叶螟、银纹夜蛾、斜纹夜蛾、甜菜夜蛾、玉米螟等。其防治方法可归纳为以下几点。

1. 农业措施　①棉花收获后，清除田间棉秆、烂铃、僵瓣，及时深翻耙地，坚持冬灌，尽力消灭越冬蛹。②种植早熟、无蜜腺、棉酚和鞣质(单宁)含量高的抗虫品种。③实行统一播期，切断棉铃虫的食物链。④提高综合管理水平。精选种子，提高播种质量，早间苗、早定苗，搞好健身栽培，培育壮苗；生长旺盛的棉田，可用缩节胺化控；产卵期摘除边心，整枝打杈，并带出田外深埋，可明显减轻棉铃虫的为害。

2. 诱杀防治 在棉田地边种植春玉米或高粱，可诱集较多的棉铃虫产卵其上，又能诱集大量天敌存活繁殖，以其控制棉铃虫为害。棉铃虫各代成虫发生期，在田间设置黑光灯、杨树枝把，或性诱剂诱扑器，诱杀成虫。

3. 生物防治 搞好棉花与其他作物的合理布局，提倡插花种植。棉花生长前期尽量不喷施或少喷施广谱性杀虫剂，必要时可用药液滴心或药液涂茎法施药，以便保护自然天敌控制其为害。人工饲养、释放赤眼蜂或草蛉，利用天敌控制为害。在棉铃虫产卵盛期，喷施 100 倍 Bt 乳剂（含 10 亿个/毫升以上孢子）液，间隔 3～5 天再喷 1 次；或喷施棉烟灵（多角体病毒）1 000 倍液。注意：BT 基因抗虫棉不可使用 Bt 农药。

4. 化学防治 棉铃虫二代和三代卵的孵化盛期，百株 3龄以上幼虫 20 头以上时，进行防治。可用5%百树得 800 倍液与 4.5%氯氰菊酯或 90%万灵粉剂 3 000 倍液，或 40%毒死蜱乳油 1 500 倍液，均匀喷洒棉株，每 667 米^2 用药液 50 升左右。喷药时，防治二代棉铃虫可用“点点画圈”的方法喷药，防治三代和四代用“两翻一扣、四面打透”的喷药方法。但在用药时要注意交替使用，切忌一种农药连续使用，全年防治中一般只可使用 1 次，以延缓棉铃虫产生抗药性。

（六）棉叶蝉

为害棉花的叶蝉常见的有两种。一是棉叶蝉：俗名棉叶跳虫、棉浮尘子、二点浮尘子。全国各棉区均有发生，以长江流域棉区、黄河流域棉区和西南棉区为害重。成虫和若虫都能刺吸叶片汁液，并将自身毒液吐入棉叶内。叶片受害后向下卷缩，由叶缘开始变黄红色，直至焦枯褐色，严重时叶片焦枯脱落。果枝短小，花蕾脱落。黄河流域棉区和长江流域棉区每年发生8～12代。二是大青叶蝉：大青叶蝉寄主多、食性杂，在黄河流域和长江流域棉区每年发生2～5代。其防治方法可归纳为以下几点。

1. 农业措施　棉田冬前深耕灌溉，清除田间及周围地边杂草，减少越冬虫源。种植叶片多毛、毛长的抗虫品种。

2. 药物防治　用2%叶蝉散粉剂或5%西维因粉剂喷粉，每667米^{2}用量2～2.5千克。或用2.5%高效氟氯氰菊酯乳油1 500倍液均匀喷雾，每5天喷1次，连续喷2～3次。

（七）盲椿象

主要有绿盲蝽（俗称花叶虫、小臭虫）、中黑盲蝽、苜蓿盲蝽、三点盲蝽。为害嫩叶时被害点初呈小黑点，叶片展开后大量破碎，称之为"破叶疯"。顶心和边心被害，形成枝叶丛生的"扫帚苗"。幼蕾受害后往往苞叶张开，先呈黄褐色，继而干枯脱落。幼铃被害后，轻的伤口出现水渍状斑点，重的棉铃僵化脱落。全国绝大部分棉区均有发生，以黄河流域棉区发生量大、为害重。其防治方法可归纳为以下几点。

1. 农业措施　棉田冬前深耕冬灌，清除田间及周围杂草，减少越冬虫源。

2. 药物防治　①早春卵孵化盛期，在越冬虫源集中地消灭越冬虫源。②当百株有成、若虫1～2头或被害株率达到3%时，及时防治。可用35%赛丹乳油或20%灭多威乳油1 500～2 000倍液，或2.5%高效氟氯氰菊酯乳油2 000倍液，或5.7%百树得2 000倍液，交替均匀喷雾。还可用20%灭多威1 000倍液+2.5%三氟氯氰菊酯（或35%赛丹）800倍液+44%丙辛乳油（或40.7%乐斯本）800倍液等3种农药混施，不但可除治盲椿象，同时兼治棉铃虫、蚜虫、红蜘蛛、叶蝉、烟粉虱等多种害虫。喷药时间应在阴天或晴天的上午8时以前、下午5时以后。喷药时，先喷棉田四周，逐步向中间喷洒,防止害虫飞出棉田继续为害。

(八)棉粉虱

棉粉虱也叫烟粉虱、小白蛾子。黄河流域和长江流域棉区均有发生。可为害棉花、豌豆、青椒、番茄、瓜类、十字花科蔬菜和多种花卉植物。棉粉虱成虫和若虫均能为害,以若虫为害更严重。成、若虫群集在中上部叶背吸食汁液。棉叶受害后,出现褪绿斑点或黑红色斑点,棉株生长不良,重者引起蕾铃大量脱落,降低棉花产量和品质。其防治方法可归纳为以下几点。

1. 农业措施 棉田冬前深耕冬灌,清除田间及周围杂草,减少越冬虫源。春季清除田边地头杂草,销毁棉粉虱早春存活繁殖的场所。棉粉虱嗜黄色,用黄色黏胶板或黄色塑料膜涂上黏虫剂,挂在棉田地边,可诱集粘连成虫致死。

2. 药物防治 用 10% 扑虱灵 800 倍液,或 2.5%天王星 1 500 倍液,或 20%灭扫利 2 500 倍液,或 3%天达啶虫脒乳油 1 000 倍液,交替均匀喷雾,每 5 天 1 次,连续施药 2~3 次。

三、棉田杂草防除

(一)杂草种类

常见的棉田杂草有牛筋草(俗名蟋蟀草、千斤草)、马唐(俗名抓根草、鸡爪草)、狗尾草(俗名谷莠子)、画眉草(俗名星星草)、狗牙根(俗名绊根草、草板筋、疙扒皮),莎草(俗名香附子、回头青)、马齿苋(俗名马齿菜)、藜(俗名灰灰菜)、反枝苋(俗名苋菜、野苋菜)、刺苋、龙葵(俗名野葡萄、天宝豆)、苍耳(俗名苍子、苍耳子)、小蓟(俗名刺儿菜、刺蓟)、铁苋菜(俗名海蚌含珠、板草)、鳢肠(俗名旱莲草、墨草)、田旋花(俗名小喇叭花、箭叶旋花)等一年生和多年生杂草。

(二)防除方法

1. 农业措施

(1)清除棉田及路旁杂草 田边、田埂、路旁、井台及渠道内外的杂草是棉田杂草的重要来源,可结合耕地、积肥及时清除,既除草又积肥,一举两得。

(2)使用充分腐熟的农家肥 混有杂草种子的谷物或饲草喂牲畜时,整粒的杂草种子特别是有硬壳的小粒杂草种子不易被消化,随粪便排出体外后能正常发芽,因此牲畜粪肥必须经过高温发酵充分腐熟后方可使用。

(3)及时中耕除草 棉花苗期生长较慢,约70%的杂草集中在5月上旬发生,杂草的大量生长,严重影响棉苗生长,要及时中耕铲除。

2. 化学除草

(1)苗床杂草的防除 苗床杂草一般在播种后5天开始出苗,播种后15天进入出芽高峰期。每667米^{2}用80%伏草隆125～150克,或25%敌草隆50克,对水50升于播种覆土后细致喷洒苗床,或加细土30千克与以上药剂掺混均匀,在播种覆土后撒施。用除草剂进行土壤封闭的,必须在盖土后立即施药,以保持土壤湿度,充分发挥药效。用毒土施药的,须在撒毒土后再喷一次清水,以提高药效。苗床用药要根据苗床实际面积计算用药量,切忌一次配药多次使用,应坚持分床用药。还要加强苗床管理,及时揭膜通风,以防高温烧苗和药害发生。

(2)地膜覆盖棉田杂草的防除 地膜盖膜前应喷洒除草剂消灭杂草。覆盖地膜时要注意覆膜质量,压紧压严。出苗后注意将地膜封严,利用高温杀死膜下残留杂草。可使用的除草剂种类较多,以氟乐灵和拉索的效果最好。也可将其分别与扑草净或敌草隆等混合使用,除草效果均在90%以上,药效可维持2个月以上。

棉花播种后,每667米^{2}用48%氟乐灵乳油100~150毫升,或48%拉索乳油100~150毫升,或将氟乐灵或拉索按100毫升的用量分别与50%扑草净可湿性粉剂100克(或25%敌草隆100~150克)混合施用。或50%乙草胺乳油50~75毫升,或80%伏草隆100~125克,或48%氟乐灵乳油25毫升加80%伏草隆100克,对水50升,均匀喷洒土面,然后覆盖地膜,将边缘压实。若喷施氟乐灵,应在施药后随即浅耙混土。若先盖膜后播种,可在整好后,每667米^{2}用25%恶草灵(农思它)乳油100~133毫升,加水30升,均匀喷雾土表后盖膜,再打孔种棉花。对一年生单、双子叶杂草,如马唐、牛筋草、狗尾草、画眉草、铁苋菜、刺苋、龙葵、马齿苋等均有很好的防除效果,可以控制棉花全生育期的杂草危害。

(3)露地直播棉田杂草的防除　棉花播种前土壤处理:如每667米^{2}用48%氟乐灵乳油100~125毫升,或用48%氟乐灵乳油100毫升加80%伏草隆100克、或加25%敌草隆100~150克、或加50%扑草净100克,对水50升,均匀喷雾,并混入5厘米深土中。棉花播种后出苗前土壤处理:可用上述药剂进行土壤封闭处理。也可每667米^{2}用48%拉索乳油150~200毫升,或48%氟乐灵乳油120毫升,或50%乙草胺乳油70~100毫升,或10%莠去津(阿特拉津)100~150克,或50%扑草净200克,或50%杀草丹200克,或84%仙治70~100克,或25%敌草隆200~300克,或50%伏草隆250~350克,或25%绿麦隆250~500克等,先用少量水将药剂调成糊状后,再对水50升,均匀喷雾地表。棉花出苗后土壤处理:在禾本科杂草3~5叶期,每667米^{2}用35%稳杀得乳油或15%精稳杀得乳油50~67毫升,或10.8%高效盖草能乳油20毫升,或12.5%盖草能乳油40~64毫升,或20%拿扑净乳油65~100毫升,或10%禾草克乳油50~70毫升,对水50升,均匀喷雾。对一年生禾本科杂草如马唐、牛筋草、狗尾草等有很好的防除效果,适当增加用量,对狗牙根等多年生杂草也有较好防效,对棉苗安全,但是对阔叶杂草无效。在单子叶杂草与双子叶杂草混生的地块,可与敌草隆或伏草隆搭配施用。

四、化学农药使用准则

合理使用农药要做到安全、有效、经济,即在掌握农药性能的基础上科学使用,充分发挥其药效作用,既有效防治病虫草害,又保证对人、畜、作物及其他有益生物的安全。合理使用农药,应注意掌握以下几条原则。

第一,对症下药,明确防治对象。选择农药时,要弄清防治对象的生理机制和危害特点,以及农作物的品种、生育时期等。田间发生的病虫害种类多种多样,每一种对不同药剂的反应都不尽相同,即使是同一种类的不同种群也有很大差别。在弄清了防治对象之后,再选择出适宜的农药品种。

第二,搞好病虫调查,抓住关键时期施药。施前一定要认真进行病虫调查,掌握防治适期,在最佳防治时期施药。否则施药过早,药效与病虫防治期不吻合,起不到控制危害的作用。施药晚了效果差,不仅起不到控制作用而且造成农药浪费。因此,喷药应把握好"火候",选择病虫草害的薄弱环节或对农药的敏感期。一般杀虫剂应掌握在孵化盛期至幼虫 3 龄前。目前使用的杀菌剂,多属于保护性的,治疗效果较差。因此,防治病害,应在发病前或发病初用药,如果等到病害已经流行再施药,则很难取得好的防效。

第三,不能随意增加用药量或加大用药浓度。很多农民错误地认为,增加用药量或加大用药浓度防效就会提高,因此不按说明要求而随意增加用药量的现象普遍存在。此外,农民在配药时不用量具,只用瓶盖随意量取,常造成使用药量大大超标,这样做不仅造成浪费,同时也容易产生药害,环境遭到严重污染,危害人、畜安全。

第四,长期单一使用一种农药,病虫抗药性逐年增加。在使用农药过程中,一旦发现某种农药防效好,就长期连续使用,即使防效下降也不更换,认为防效下降就是农药含量低了,没有认识到这是长期单一使用一种农药造成的后果。如 1978 年用灭扫利 6 000 倍液防治红蜘蛛,防效达 98%以上,现在用 1 000 倍液防效不到 50%。全国已有 30 多种害虫、10 多种病害对农药产生了抗性,农民用增加用药量的方法来提高防治效果,结果人为筛选了抗药性更强的后代,继续提高用药浓度,病虫抗药性进一步提高,造成恶性循环。因此,在使用农药过程中,必须注意几种农药的交替轮换使用,或合理混配,从而延长使用年限,提高防治效果。

第五,混合使用农药,注意合理搭配。应选用作用机制不同的农药交替使用或根据农药的理化性质合理混配使用,这样不但能提高防治效果,还能延缓病虫抗药性的产生。混配农药要注意:农药混合后的药效提高的,或效果互不影响的,可以混用;农药混合后对农作物产生药害的,不能混用。

第六,注意农药的安全间隔期。安全间隔期是指根据农药在作物上消失、残留、代谢等制定的最后一次施药离作物收获的相隔日期。安全间隔期内禁止施药。安全间隔期的长短与农药种类、剂型、施药浓度等因素有关。在使用过程中,千万不要超过标准中规定的最高施药量,做到用药量适宜,要尽量减少用药次数。在病虫发生严重的年份,按标准中规定的最多施药次数还不能达到防治要求的,应更换农药品种,切不可任意增加施药次数。

第七,注意药械的清洗和用清水配药。不少农民在喷施农药之后,药械不及时清洗;配制药液时就近取水,不管水是否已受到其他药品污染。殊不知,目前我们使用的农药,尤其是除草剂,很多是超高效的,一旦药械中残留该类农药,或是用来配制药液的水受到这类农药的污染,就很容易使敏感作物受到严重药害。如施用某些除草剂之后不清洗喷雾器，又接着用来喷洒防病治虫的药剂，如果遇到对该除草剂敏感的作物，就会产生药害。为此，喷完除草剂后一定要彻底清洗喷雾器。塑料桶喷雾器要用5%碱液浸泡数小时后，再用清水反复清洗。

思考题

1. 棉花苗期病害的种类有哪些？如何防治？
2. 棉花枯萎、黄萎病的症状有哪些？如何防治？
3. 棉花红叶茎枯病的症状有哪些？如何防治？
4. 棉花铃期病害的种类及症状有哪些？如何防治？
5. 棉花药害的表现有哪些？如何补救？
6. 棉花害虫的农业防治方法有哪些？
7. 棉田杂草农业防除的措施是什么？
8. 地膜栽培化学除草的要点有哪些？
9. 化学农药的使用准则有哪些？

第六章 棉田种植制度

一、种植制度概述

种植制度是指一个地区或生产单位的作物组成、配制、熟制(泛称为作物布局)和种植方式(包括轮作、连作、间作、套作、混作和单作等)组成的一套相互联系的技术体系,是农业生产的核心。合理的种植制度,有利于土地、劳力等资源的最有效利用和取得当地当时条件下农作物生产的最佳经济效益和社会效益,有利于协调种植业内部各种作物,如粮食作物、经济作物与饲料作物之间、自给性作物与商品性作物之间、夏收作物与秋收作物之间、用地作物与养地作物之间等的关系,促进种植业以及畜牧业、林业、渔业、农村工副业等的全面发展。

棉田种植制度一般为一年两熟,主要是棉麦(小麦、大麦)、棉豆(蚕豆)、棉油(油菜)两熟。以棉为主冬作物合理布局,开发利用预留棉行。在前作行内套种或移栽棉花;或在早前茬大麦、油菜收后移栽棉花。采取棉田间作套种,能充分利用光热资源,实现棉花和间套作物双高产,大幅度提高棉田综合生产能力。

(一)间、混、套作的概念

1. 单作 在同一块土地上一个完整的生长期间只种植一种作物的种植方式。由于单作的作物单一,对条件的要求一致,生育期一致,因此具有便于种植、管理、收获和便于机械化操作、大规模经营以及有利于产业化发展等优点。但是,由于单作的群体单一,如果大面积种植,其系统稳定性下降,会出现抗逆能力减弱等问题。

2. 间作 是将两种或两种以上生育季节相近的作物在同一块田地上同时或同季节成行或成带地相间种植的方式。与单作相比,间作是人工复合群体,个体间既有种内关系又有种间关系。

3. 混作 是在同一块田地上同时或同季在田间缺乏规则排列地种植两种或两种以上作物的种植方式。间作与混作的异同点:利用客观,共生期长,规则排列与无规则。

4. 套作 是在同一块田地上于前季作物的生育后期在其株行间播种或移栽后一季作物的种植方式。间作和套作的区别:共生期长短不同,两种作物生长季节不同,提高光能利用率途径不同。

(二)发展间、混、套作的意义

间、混、套作是我国精耕细作传统农业的主要组成部分,其历史悠久,是人们模拟自然界的一个产物。新中国成立后,我国间、混、套作的发展较快:一是面积不断扩大,二是类型和方式多样。近年来,国外也开始重视间、混、套作。利用间作套种可以实现增产、增收、稳产保收,协调作物的争地矛盾,保持水土,控制病虫害,改善生态环境,促进商品化生产。

(三)间、混、套作提高效益的原理

实行间、混、套作提高种植效益,其原理主要有以下几条。

一是立体而充分利用空间,提高种植密度,增加叶面积,提高光能利用率。

二是立体而合理地利用土壤养分和水分。

三是扩大边行优势。间作套种能够合理配置作物群体,使作物高矮成层,相间成行,有利于改善作物的通风透光条件,提高光能利用率,充分发挥边行优势的增产作用。

四是增加作物抗逆能力,稳产保收。

五是充分利用生长季节，延长光合时间。麦秋复种地区，由于生长季节的限制，麦熟得迟，秋种得迟，秋熟得迟，麦又种得迟，形成恶性循环，影响产量的提高。通过间作套种能够早种早收，使“两迟”变“两早”，克服了秋赶夏、夏赶秋的恶性循环，既有利于夏田播前整地、施肥、适时播种，又有利于避开秋季阴雨、低温对秋粮的影响，实现麦秋两增产。间作套种可以充分利用生长季节，变一收为两收，变两收为三收。

（四）间、混、套作的技术要点

间、混、套作技术就是充分利用不同作物间的互补性而尽量消除竞争的措施。其技术要点如下。

一是选择适宜的作物种类和品种进行搭配。生态上大同小异，生物学上互补有利，生产管理上方便容易。因此，要做到高和矮、瘦和肥、尖和圆、深和浅、长和短、喜光和耐阴等进行搭配。

二是建立合理的田间配置。其原则是：瞻前顾后，兼顾左右，便于管理，增加密度，保证产量。田间结构配置包括密度、行比、株行距以及幅宽、间距、带宽等。

三是作物生长发育调控技术（采取相应的栽培措施，减少竞争）。是解决作物竞争、发挥间套优势的有效技术，如适时播种、保证全苗，加强肥水管理，早熟早收。

四是增加投入，合理运筹肥水，实行以株定量的施肥原则。

五是采用新技术，调节作物生长。主要是利用保护地栽培、育大苗壮苗移栽、化控等技术。

六是综合防治病虫害。

总之，选择品种是基础，合理配置是关键，加强管理是保证。

二、棉田熟制与种植方式

(一)棉田熟制

我国棉区分布广泛,地域跨度大,不同棉区生态条件、社会经济条件及农业历史背景差异较大,在此基础上形成了多种类型的棉田熟制,但主要棉区棉田熟制大体上可分为两大类型:一是冬季休闲的一年一熟制,二是棉花与粮食及其他作物搭配的一年两熟或多熟制。目前,长江流域棉区普遍实行两熟制;黄河流域棉区水肥条件好的地区以两熟制棉田为主,生长期较短的地区和旱地、盐碱地棉田,仍实行一年一熟制,形成两种熟制并存的格局;西北内陆棉区、北部特早熟棉区则基本上是一年一熟制。在两熟制棉田的种植方式上,棉花前茬作物以小麦为主,其次是油菜,小麦(包括少部分大麦)与棉花两熟面积占两熟棉田的87%。麦棉两熟又以套种(套栽)为主,占麦棉两熟面积的88%,麦后移栽的面积占10%左右,还有少量的麦后直播棉花。各地棉田多熟种植的形式较多,分布范围广而较分散,但目前占全国棉田面积的比重还很小。

(二)棉田种植方式

1. 间作　生产实践中,有的是间作和套作结合采用,形成多种作物间、套作的种植模式。常见的棉田间作方式主要有以下几种。

(1)棉花与玉米间作　此种植方式过去主要分布在江苏省南通、盐城两地区的沿海、沿江旱粮棉区,其次是四川省丘陵棉区,种植面积也较大,北方棉区也曾一度推广。但由于两作物都是高秆,共生期群体光照减弱,温度降低,湿度增大,群体生态条件恶化,棉花生育迟缓,晚秋桃多,铃轻籽瘪,病虫害加重,作物产量和品质降低,加之玉米、棉花都是耗肥型作物,地力消耗大,对棉花增产不利,故近年来这种棉田间作方式已经很少了。

(2)棉花与甘薯、花生间作　此种植方式主要分布在我国南方丘陵分散棉区和北方旱薄、沙土地区。由于是高、矮秆作物搭配,棉花边行增多,可以充分发挥棉花边际效应;同时还改善了棉花群体通风透气条件,二氧化碳供应充足,此外花生还有固氮作用,有利于改善棉田土壤营养状况。因此,这种间作方式有利于棉花高产增收,值得推广,但要注意棉花与间作作物间的合理间距,以减轻棉行对矮秆作物的荫蔽效应。

(3)棉花与大豆间作　由于大豆具有固氮作用,生育期短于棉花,收豆后的落叶、残茬可以还田作肥料,故此间作方式既能充分利用地力,又能增加肥源,培养肥力。应注意的是,应选用早熟、矮秆、株型紧凑的大豆品种,将大豆种于沟边,并适当增加密度,多施追肥,加强病虫害的防治。

(4)棉花与绿肥作物间、套作　棉花间、套作绿肥作物,可以提高棉田地力。主要有两种方式:一是间、套作冬绿肥,二是间作夏绿肥。

2. 套作　冬作物和棉花两熟套作是我国棉区实现粮(油)棉双丰收的一条重要途径。此种植方式在我国南方棉区以及黄河流域水肥条件较好、劳力较多的地区得到了较好的推广。由于其提高了复种指数,无论是在作物总产上还是在经济收益上都有明显的提高。但棉田套作方式存在着以下的局限性:①棉花苗期受套作作物荫蔽,光照条件差,棉苗群体环境温度降低,生长缓慢。②棉花苗期处于营养弱势,冬作物争肥、争水严重,易导致棉苗势弱迟发。③耕作管理不便,影响机械作业,降低了生产效率。针对上述问题,可采取以下措施克服。

其一,调整冬作物布局,选择合适的品种。在南方棉区可适当缩小生育期长、耗肥多的小麦比重,增大蚕豆、油菜、绿肥和饲料作物的比重;在北方可适当搭配春小麦、春大麦、早熟豌豆等春播夏收作物与棉花套作。对冬作物,宜选用晚播早熟、矮秆抗倒、高产优质的品种,以缩短共生期,增加棉花苗期光照时间和强度,促进棉苗生长。

其二,采用合理的套作方式。以麦棉套作为例:在南方棉区,小麦播幅以占地30%~40%为宜,预留棉行的宽度,套种1行棉花的为30~40厘米,套种2行的为80厘米左右;在北方棉区,套作小麦播幅以占地40%以内为宜,预留棉行的宽度,套种1行的以60厘米为宜(即3:1式)。套种的种植行向以东西向为宜。南方棉区套作棉田必须开沟做畦,以便排水;北方棉区套作棉田可采用高低畦种植,即小麦种于低畦中,棉花种于高垄上。

3. 连作　棉田连作是指在同一块棉田上,待冬作物收获后播种或移栽棉花的两熟种植方式,亦称之为棉田复种。主要有以下几种方式。

(1)麦(油)后直播短季棉(或夏棉)棉花　采用此种植方式要注意选用适宜的短季棉品种,抢种抢收,早管促早发,适当密植,早打顶,科学施肥,及时灌溉,合理防病治虫,恰当运用化控措施。此种植方式下棉花苗、蕾期生长发育快,生育期缩短,有效开花结铃期短而集中,成铃率提高;但晚秋桃增多,铃重变幅增大。此种植方式具有增产增效、省工省时、便于机械操作等优点,被认为是我国棉花种植方式的改革方向。

(2)麦(油)后移栽棉　采用塑膜覆盖、营养钵育苗技术,培育大壮棉苗(5~6片真叶),待冬作物收获后移栽,比方式(1)增产效果更显著。采用此方式要注意:适时早播,培育大壮棉苗;及时抢栽,缩短缓苗期;适当放宽对密度的要求;加强移栽后的管理,促进早熟,防止早衰。

4. 轮作　棉田轮作是指在同一块棉田上在不同年际间有顺

序地轮换种植棉花和其他作物的种植方式。轮作能充分利用棉田土壤养分,保持和提高土壤肥力,减轻病虫草害,是棉区实现用地与养地相结合、提高作物产量的一项经济有效的措施。

(1)长江流域棉区棉田轮作类型

①棉花连作,冬作物换茬：南方棉区以棉花连作、冬作物年间轮作居多,以充分利用土地,保证棉花种植面积和产量。主要采用的方式为：三麦(即大麦、小麦和元麦)—棉花→蚕豆—棉花→油菜—棉花。

②稻、棉水旱复种轮作：此种植方式在南方平原稻棉兼作区较为普遍,可以有效改善土壤理化性状,提高棉田土壤肥力,减轻病、草害,具有省工、省肥和增产增效的优点。其基本方式有两种：一是“年花年稻”,2 年 5 熟轮作,如：麦(蚕豆、油菜)—早稻—双季晚稻→麦—棉;二是 2 ~ 3 年水稻,2 ~ 3 年棉花,如：绿肥作物(麦、豆)—中稻→麦(或间作绿肥作物)—中稻→麦—棉→麦(间绿肥作物)—棉。

③棉花与旱粮轮作：丘陵棉区旱坡地块多采用 2 年 4 熟轮作制,如:豌豆(蚕豆)—棉花→小麦—夏甘薯(或间作玉米)。沿海棉区普遍采用夏熟半麦半豆、麦豆轮作,秋熟半粮半棉、粮棉轮作的 2 年 4 熟轮作制,如：大麦或小麦—棉花→蚕豆—玉米(间作大豆、赤豆)。

(2)黄河流域棉区棉田轮作类型

①棉花与小麦、杂粮轮作：此轮作方式主要在黄河流域棉区和西北内陆南疆亚区,主要有：棉花(3 年)→春播作物(1 年)→小麦—夏播作物(1 ~ 2 年);棉花(1 ~ 2 年)→小麦—夏播玉米等(2 ~ 3 年);棉花(2 ~ 3 年)→豌豆、夏闲→小麦、夏闲→小麦、复播豆类;小麦、夏玉米等(2 ~ 3 年)→小麦(或油菜)、套播(或复种)棉花→棉花;小麦、套播棉花→绿肥作物、棉花;玉米→冬小麦—棉花(2 ~ 3 年);冬小麦→棉花(2 ~ 3 年)—春小麦。

②棉花与秋杂粮轮作：此轮作方式主要在北部特早熟棉区，如：棉花(2～3年)→秋杂粮(1～2年)。

③棉花与瓜类轮作：此轮作方式主要在西北内陆新疆南疆、吐鲁番盆地，主要有：棉花(2～3年)→高粱→瓜类。

④棉花与饲料绿肥作物轮作：苜蓿(3年)→棉花(2～3年)→玉米→小麦、苜蓿；苜蓿(5～6年)→春播粮食作物→小麦、夏作物→棉花(3年)→豌豆、休闲→小麦、套播苜蓿。

三、棉田间作套种模式及其配套栽培技术

(一)棉花和洋葱套种

棉花和洋葱套种共生期短，仅20多天。两作物在肥料利用和生态效应上有互补效应，棉花与洋葱共生期间，洋葱对棉花不遮光，且具有抑制蚜虫的作用，后期田间肥水条件好，有利于棉花发苗，可以获得棉、葱双高产。一般每667米^{2}产洋葱1000～1250千克，产皮棉40～50千克。

1. 田间配置　一般畦宽3米左右，棉花宽窄行种植，宽行距140厘米，窄行距50厘米，一畦种4行棉花，每667米^2 1800～2000株。洋葱11月中旬套栽于棉花宽行中，行距20厘米，行内可栽6行洋葱，株距15～20厘米，每667米^2 5000～6000株。

2. 选择良种　洋葱选择当地高产优质的品种，棉花选择生长势强、适宜稀植的杂交棉新品种。

3. 适期播栽，及时采收　洋葱在9月上旬播种育苗，11月中旬移栽，翌年6月上旬基部1～2片叶枯死时收获。棉花于4月10日前后播种，5月中旬移栽，11月上旬前拔秆，及时整地，移栽洋葱。

4. 科学施肥　洋葱移栽前在宽行内施足有机肥，每667米^2

施优质土杂肥 2 000～2 500 千克或饼肥 100 千克。洋葱生长期施好"三肥"：苗肥，移栽时每 667 米^2 施复合肥 40～50 千克；返青肥，3 月上旬每 667 米^2 施复合肥 40 千克；膨大肥，4 月底 5 月初每 667 米^2 施尿素 20 千克。洋葱膨大期保持土壤疏松，水分适宜。洋葱生长期施肥多，棉花生长前期要减少施肥，控制旺长；花铃肥要重施，保证结铃期对肥料的需求。

（二）棉花和大蒜套种

棉花和大蒜套种，两作物在共生期内相互影响小，并在肥料利用和生态效应上有互补效应，可以获得棉、蒜双高产。冬、春季可间收青蒜苗 1/3，每 667 米^2 产量 100 千克；每 667 米^2 留大蒜苗 15 000 株左右，春季收获大蒜薹，每 667 米^2 产量 200 千克；5 月下旬收获大蒜头，每 667 米^2 产量可达 600 千克。棉花每 667 米^2 产皮棉 80～100 千克。

1. 田间配置 一般畦宽 3 米左右。棉花宽窄行种植，宽行距 150 厘米，窄行距 50 厘米，一畦种 4 行棉花。大蒜种植于棉花宽行中，行距 10 厘米，行内可栽 8～9 行大蒜，株距 8～10 厘米，每 667 米^2 18 000～25 000 株。棉花采取育苗移栽方式分栽于畦面两侧，每 667 米^2 1 800～2 000 株。

2. 选择良种 大蒜选用高产优质的薹蒜两用新品种，棉花选择生长势强、个体产量形成能力强、适宜稀植的杂交棉新品种。

3. 适期播收 大蒜在 9 月上旬播种，及时收获，翌年 5 月下旬离田。棉花在 4 月 10 日前后播种，5 月中旬移栽。

4. 科学施肥 大蒜施好"五肥"。一是基肥。大蒜播种前在棉花宽行内施足有机肥，每 667 米^2 施优质土杂肥 2 000～2 500 千克。二是苗肥。大蒜 2～3 叶期每 667 米^2 施尿素 15～20 千克。三是腊肥。小寒末每 667 米^2 施人、畜粪 2 000～2 500 千克。四是返青肥。3 月上旬每 667 米^2 施尿素 15 千克。五是膨大肥。4 月底5月初每667米^{2}施尿素20千克。由于大蒜生长期间田间养分充足，棉花前期一般不施肥，还要注意控制旺长；花铃肥要重施，保证结铃期需肥；后期如果长势偏弱，要补施盖顶肥。

5. 加强管理 大蒜一般在2叶期至过冬进行2～3次深中耕，开春返青后浅锄，直至封行；膨大期要多浇水，保持土壤疏松，水分适宜。棉花后期也与大蒜共生，吐絮后要将窄行推株并垄，便于宽行的操作和大蒜苗生长。10月中旬用乙烯利催熟，10月底收获结束，早拔秆。

（三）棉花和马铃薯套种

棉花和马铃薯套种，两作物共生期不长，共生期内相互影响小，并在肥料利用上有互补效应。马铃薯生育后期田间肥水足有利于棉花发苗，可以获得棉、薯双高产，一般马铃薯每667米^{2}产量2 000～2 500千克，棉花每667米^{2}产皮棉80～100千克。

1. 田间配置 一般畦宽3米左右，棉花宽窄行种植，宽行距150厘米，窄行距40厘米，一畦种4行棉花。马铃薯一般于2月上旬种植于棉花宽行中，行距75厘米，行内栽2行马铃薯，株距15～20厘米，每667米^2 3 500～4 000株，加盖地膜增温保湿，促早增产。棉花采取育苗移栽，分栽于两侧，每667米^2 1 800～2 000株。

2. 选择良种 马铃薯选用高产优质早熟脱毒种薯，棉花选择生长势强、个体产量形成能力强、适宜稀植的杂交棉新品种。

3. 适期播收 马铃薯在2月上旬播种，5月上旬至6月上旬及时收获，6月上旬离田；棉花在4月10日前后播种，5月中旬移栽。

4. 科学施肥 马铃薯要施足基肥，播前在棉花宽行内每667米^{2}施优质土杂肥2 000～2 500千克、尿素15千克、氯化钾10千克。然后起垄做畦，垄高20厘米、畦面宽70厘米、沟宽30厘米。收获后及时翻埋茎叶。由于马铃薯生长期间田间养分足，加上其茎叶翻埋田间可作基肥,棉花生育期内施肥要适当调整:一般前期不施肥,同时还应控制旺长;花铃肥要重施,保证结铃期需肥;后期如果长势偏弱,要补施盖顶肥。

5. 加强管理 3月上中旬马铃薯出苗时及时破膜放苗,块茎膨大期多浇水,保持土壤疏松,水分适宜。马铃薯由于基肥施用较多,生长期内一般不追肥。在马铃薯开花后要打顶心、打边心消除顶端优势,或者把马铃薯秧向两边踩倒,给棉花留出较大的空间,以接受较多的阳光。这样既有利于马铃薯的养分向地下转运,又有利于棉花生长。注意防治地下害虫和马铃薯晚疫病。由于马铃薯是二代盲椿象的寄主,收获后要特别注意棉田盲椿象的防治。5月下旬开始收获马铃薯。收获时不要损伤棉苗。马铃薯收后,要抓紧追施1次棉花提苗肥,促使棉苗健壮生长,以后还要适时追施花铃肥,适时防治病虫害,以保证马铃薯和棉花双丰收。

(四)棉花和西瓜间作

这一模式在黄淮棉区及江浙等地运用较多。只要栽培措施得当,搭配合理,协调好共生期关系,西瓜产量比单作基本不减产,棉花产量接近或略低于单作产量,二者合计经济效益大幅度提高,值得推广。棉花和西瓜间作有以下优点。

第一,巧妙利用二者生育期差异。西瓜采用早熟栽培,一般采用早熟措施栽培的7月上旬可采收完毕。而棉花生长期则相对较长(210天左右),前期生长量小。另外,棉花植株可塑性强,个体发育潜力大,其株行距大。将棉花生长前期与西瓜中后期间作,在瓜、棉60天左右的共生期内,主要以西瓜生长为主,棉花占地很小,棉花和西瓜的旺盛生长期相互错开,二者生长基本互不影响。

第二,充分利用空间,发挥立体效应。由于棉花植株高达1米以上,且向空间生长,而西瓜则匍匐于地面,二者间作形成合理的立体结构。叶层分布合理,使空间得以充分利用。

第三,充分发挥边行优势。棉花的行距加大,封行期推迟,改善了棉田的通风透气条件。在棉花密度基本不变或略有减少的情况下,充分发挥单株的增产潜力,降低了棉花的蕾铃脱落率,减少了烂铃,使棉花达到优质高产。

第四,充分提高肥料的利用率。因有机肥施用量加大,土壤养分足,而西瓜的生育期短,所以西瓜田有机肥含量高于一般棉田。棉花是深根性作物,西瓜收获后,棉花可以充分利用其剩余的养分。

棉花与西瓜套种,两作物共生期不长,且西瓜是蔓生作物,不与棉花争光,共生期内相互影响小。一般西瓜每 667 米^2 产 2 000 ~ 2 500 千克,棉花每 667 米^2 产皮棉 80 ~ 100 千克。

1. 田间配置 一般畦宽 3 米左右,棉花宽窄行种植,宽行距 150 厘米,窄行距 50 厘米,一畦种 4 行棉花。西瓜移栽于畦面两侧棉花窄行中,一畦栽 2 行西瓜,株距 40 ~ 50 厘米,每 667 米^2 可以套栽 500 ~ 600 株,移栽时盖地膜增温保湿,促早增产,将西瓜蔓引向棉花宽行,瓜蔓相对生长,在宽行内生长结果。棉花育苗移栽,每 667 米^2 1 800 ~ 2 000 株。6 月下旬至 7 月上旬西瓜收获上市。

2. 选择良种 西瓜选择早熟品种,棉花选择前期长势中等偏弱、后期强壮、松散型、单株产量高、适宜稀植的杂交棉品种。

3. 适期播收 西瓜在 3 月下旬播种育苗,4 月 20 日移栽,6 月底之前离田。棉花在 4 月上旬播种,5 月中下旬移栽。

4. 科学施肥 西瓜要施足基肥,在棉花窄行内施足有机肥,每 667 米^2 施优质土杂肥 1 000 ~ 1 500 千克、尿素 20 千克、饼肥 50 千克。坐果期施促果肥,每 667 米^2 施用尿素 15 ~ 20 千克、硫酸钾 8 ~ 10 千克。两作物在共生期间田间养分足,棉花前期一般不施肥,还要注意控制苗蕾期旺长,花铃肥也要适当减少。

5. 加强管理 在西瓜的生育前期以增温保墒促早发为主,拱棚内随时掌握温、湿度,防止徒长和高温烧苗。待 5 月上旬气温稳定在18℃时，拆去拱棚，及时整枝压蔓，使西瓜蔓均匀分布，及时追肥浇水。棉苗移栽后，尽快使棉苗超过西瓜秧的高度，避免瓜秧欺棉苗，并注意通过理蔓、压蔓等措施不让瓜蔓缠绕在棉花植株上。西瓜收获后及时翻埋茎叶，并立即对棉花进行水肥管理，对弱株偏管，促使棉花均衡生长。每667米^{2}追施尿素10千克，弱株多追，壮株少追或不追。套种的棉花易形成高脚苗，应及时中耕培土，以防后期倒伏。

6. 注意事项　一是在瓜、棉共生期，对病虫害的防治应尽量使用高效低毒残效期短的农药及生物农药，禁止使用高毒残效期长的农药，以免污染西瓜。另外，在棉花上用药时应避免对西瓜造成药害。二是瓜、棉共生初期，西瓜生长快、瓜秧大，而棉苗小、生长慢，易发生瓜秧压棉苗，因此要经常理蔓，严格控制瓜蔓的走向和分布，防止瓜蔓和卷须缠绕棉苗或者互相缠绕。

(五)棉花和百合间作

棉花与百合间作是沿海和沿江旱作砂壤土地区应用较多的一种棉田间作模式。两作物相互影响小，肥料利用上相互有利，但注意百合不能连作，必须轮作换茬。一般每667米^{2}产百合600千克，产皮棉80～100千克。

1. 田间配置　一般畦宽3米左右。棉花宽窄行种植，宽行距140厘米，窄行距50厘米，一畦种4行棉花。棉花宽行内栽6行百合，行距20厘米，株距20～25厘米，每667米^2 5 000～6 000株。棉花育苗移栽，分栽于畦两侧，每667米^2 1 800～2 000株。7～8月份收获百合。

2. 适期播栽　百合在10月上中旬播种。棉花在4月10日前后播种，5月中旬移栽。

3. 播前深翻　百合播种前要在宽行内深翻土壤，并精细整耙，使土壤疏松平实，同时每667米^{2}施用充分腐熟的优质有机肥

3 000 千克或饼肥 100 千克。

4. 科学施肥　百合要施好“四肥”：一是基肥，播前在棉花宽行内施足有机肥，播种时每 667 米^2 再施尿素 10 千克、过磷酸钙 30 千克、硫酸钾 10 千克。二是腊肥，小寒末每 667 米^2 施人、畜粪 1 000 千克。三是壮苗肥，3 月上旬每 667 米^2 施人、畜粪 1 000～1 500 千克。四是壮片肥，5 月上中旬每 667 米^2 施复合肥 45～50 千克。棉花生育期内施肥要做适当调整：一般前期不施肥，同时要注意控制旺长；花铃肥要重施，保证结铃期需肥；后期如果长势偏弱，要补施盖顶肥。

5. 加强管理　百合怕湿，要开好一套沟，并经常清理，雨后及时清沟降渍。棉花后期与百合苗期共生，吐絮后要将窄行捲株并垄，便于宽行操作和百合苗生长。

(六)棉花和西瓜、黄瓜套种

西瓜、黄瓜与棉花套种，是一项经济效益很可观的种植模式，每公顷可产黄瓜 2.7 万千克，西瓜 2.4 万千克，皮棉 1 350 千克。

1. 套种方式　沟心至沟心距离 3.65 米，净畦面为 3.43 米，沟宽 23 厘米(沟应深直)，种 4 行棉花、2 行西瓜和 2 行黄瓜。棉花为宽窄行，中间窄行为 66 厘米，两边宽行各为 90 厘米，边行棉花至畦边各为 43 厘米，棉花株距 25 厘米左右，每公顷密度 4.2 万株左右；在边行棉花 15 厘米处各栽 1 行西瓜，西瓜蔓向畦面对爬，株距 50 厘米，每公顷 1.1 万株；在西瓜和沟边之间各栽 1 行黄瓜，黄瓜株距 25 厘米，每公顷 2.2 万株。

2. 栽培技术

(1)早整地，施足基肥　选择水肥条件较好的地块，早春耕耙整畦时，每公顷施优质农家肥 7.5 万千克、过磷酸钙 1 125 千克、硫酸钾 600 千克、饼肥 1 500 千克，混合后，一半施入沟内，一半撒施于畦面。

(2)培育壮苗,适时移栽　西瓜、黄瓜均于3月中旬育苗(黄瓜用营养钵,西瓜用营养袋),棉花于4月初用营养钵育苗。三者都用小拱棚覆盖。西瓜和黄瓜于4月中旬同时移栽,双膜覆盖,铺地膜时应将黄瓜、西瓜连畦沟一起覆盖,浇水时由地膜下深直沟渗入畦间。棉花5月上旬移栽,注意两边行棉花栽在小拱棚内。

(3)加强田间管理

①黄瓜、西瓜管理:前期要保温防冻害,后期要控温,当棚温超过30℃时开洞通风,棚温降到30℃以下时闭膜保温;当黄瓜植株高度超过棚高时,即可拆棚,进行常规管理。黄瓜搭架,西瓜压蔓。在畦两头埋木桩拉铁丝,用小竹竿依铁丝搭成"人"字架,架高不超过1.5米。揭膜后进行第一次绑蔓,以后每长40厘米绑蔓1次。并在6月下旬进行最后1次绑蔓时,留1~2个小瓜后将瓜头打去。随着黄瓜采收应逐渐由下而上剪去老叶,高度控制在50厘米。西瓜整蔓,要求只留主蔓,将其余全部去除。蔓长50厘米时压第一蔓,一般压3~4蔓。花期进行人工辅助授粉。当瓜坐定后,有24~26片叶时即可去头。科学肥水管理。"双瓜"在成活后10天,每公顷施300千克尿素,在5月20日左右每公顷再追施膨大肥600千克尿素。第二次追肥时可分开追施,即黄瓜肥追在沟边,西瓜肥追在棉花宽行内,平时结合施药根外喷施农家宝2~3次。注意防治病虫害。主要是防治黄瓜霜霉病和西瓜枯萎病。防治虫害选用高效低毒农药,如生物农药等。

②棉花管理:除抓好常规管理外,由于水肥充足,棉花易疯长,必须注意化控,要求在6月中旬、7月中旬和8月上旬各进行一次化控,每公顷每次用30~45克缩节胺原粉。7月10日前"双瓜"必须拔秧,然后每公顷施花铃肥225千克尿素,并进行培土、治虫等田间管理。8月上旬看苗每公顷追施盖顶肥75~120千克尿素。于10月中旬喷1次乙烯利,每公顷用量2.25千克,促进秋桃成熟。

(七)棉花和孜然套种

孜然具有极强的耐干旱、抗病虫、怕涝特性,采用地膜覆盖全生育期一般不浇水即可成熟。棉田套种孜然可以充分利用时间差、空间差提高复种指数,经济效益显著。其栽培技术要点如下。

1. 播前准备

(1)选地　一般选择脱盐彻底的砂壤土,土壤通透性差或盐碱化严重的地块不宜种植。前茬以小麦、玉米或豆类等为宜。

(2)整地施肥　结合秋翻冬灌每667米^{2}施腐熟农家肥2~3吨,磷酸二铵20千克,尿素5~10千克。

(3)土壤处理　每667米^{2}施50%乙草胺120毫升,或72%禾耐斯70毫升,或48%氟乐灵150毫升,在无风时均匀喷施于地表,施后及时耙地,使土、药混合均匀。耙深5厘米,耙后耱平。土壤封闭24小时后即可播种。

2. 种子选择与播种

(1)种子选择　应选择近1~2年生新种子,要求籽粒大而饱满、颜色较深绿。3年以上的种子出苗率低,不宜使用。

(2)套种模式　棉花采用宽膜高密度种植,(30+60)厘米宽窄行。在棉花膜间和膜上宽行间各种4行孜然,行距15厘米。

(3)适期早播　在新疆岳普湖县,以3月中下旬至4月初为宜,力争在4月1日前播完,最晚不超过4月10日。每667米^{2}用种1.2千克左右。播前用0.2%绿亨一号拌种,以防治苗期立枯病。人工或机械条播,播深2~3厘米,随播随覆土,力争孜然与棉花同时播完。

3. 田间管理　重点做好田间除草工作。孜然全生育期除草2~3次,第一次于4月中旬,第二次于5月中旬,保持田间干净无杂草。孜然花授粉前1周叶面喷施0.3%磷酸二氢钾1次,籽粒灌浆期再连续喷施2~3次,每次相隔5~7天,促进籽粒饱满。6月中旬大部分枝叶干枯、籽粒饱满成熟时,及时采收。

(八)棉花和玉米间作

1. 两种套种模式及相应品种搭配

模式一　畦宽 1.7 米,两行棉花套两行玉米。玉米品种为鲜食类玉米,棉花品种为抗虫棉。这样配置可减少防治棉铃虫的用药次数及便于选用 Bt 生物农药。

模式二　采用宽窄畦,宽畦 2 米,窄畦 1.4 米,仅在宽畦中间套 2 行玉米。采用宽窄畦,多挖一条沟,便于排灌;少种 2 行玉米,是尽量减少玉米对棉花的影响。

2. 配套栽培技术

(1)适时播种,缩短两者共生期　鲜食类玉米 2 月底至 3 月上旬地膜覆盖播种,苗期拱膜保苗,防“倒春寒”袭击;常用玉米 3 月中旬地膜覆盖播种。棉花 4 月中旬采用大钵育苗,5 月上中旬移栽,并用 4 000 倍 802 液灌根防缓苗。这样,鲜食玉米可在 6 月 10 日左右清场,常用玉米在 6 月底也可去天心、挠叶而最低限度影响棉花正常生长。

(2)控制密度,保留并及时改造叶、枝,改善棉田光照条件　模式一中,鲜食玉米行距 0.4 米,株距 0.3 米,密度每 667 米^2 3 200 株;棉花株距 0.4 ~ 0.5 米,密度每 667 米^2 1 600 ~ 1 900 株。模式二中,玉米行距 0.4 米,株距 0.35 米,密度每 667 米^2 1 100 ~ 1 200 株;棉花株距 0.5 米,密度每 667 米^2 1 600 株。玉米尽量矮化株高;及时除去无效分蘖;授完粉后,及时去掉天心;籽粒稍硬后,及时挠叶;收获后,及时倒秆,就地覆盖还可保墒。棉花开花前,适度化调,并及时人工整枝抹杈,确保营养枝茁壮生长和搭好丰产架子;打顶心后,可视长势及天气情况,着重化调 1 次,以改善棉花群体结构。

(3)增施肥料,配方施肥,注重土壤培肥　套种棉田要求总施肥量要比棉花单作田增加20%左右。同时根据作物特点配方施肥，如华甜玉1号，基肥要求每667米^{2}施饼肥50千克、磷肥50千克、钾肥15千克；3叶期轻施提苗肥，每667米^{2}施尿素5千克；拔节期施平衡肥，每667米^{2}施尿素7.5千克；大喇叭口时重施穗肥，每667米^{2}施尿素15千克，并培土压根。

(4)综合防治病虫害，实行无公害栽培　棉套玉米田，病虫害相互影响，相互促进，往往偏重发生。因此，对病虫害要早预报、早防治。用药技术把握4个要点：一是坚持虫情测报；二是采用替代技术，用生物农药和杨柳枝把、汞灯等；三是局部施药和人工防治相结合，如滴心、涂茎、摘卵，摘叶等；四是坚持国家规定安全间隔期，特别是鲜食类玉米，收获前15天禁止用药。

（九）棉田五熟间作套种

在江汉平原，油菜、棉花、花生、高粱（二季）间作套种模式，每公顷油菜产量2600千克，皮棉产量1650千克，花生产量3150千克，高粱（双季）产量2900千克。其技术要点如下。

1. 合理品种搭配　油菜选用杂交“双低”优质高产品种，棉花选用高产优质杂交棉品种，花生选用早熟高产的中花系列品种，高粱选用杂交高粱品种。

2. 合理结构布局　畦宽2.4米。于秋、冬季油菜育苗满幅移栽，翌年5月10日前收获完毕。棉花采用大钵育苗，于4月10日前播种，5月20日前移栽于油菜板田中，以80厘米行距双行移栽于大畦中间。5月10～20日前在两行棉花至沟心间隔40厘米处，以20厘米株行距各间作2行花生，在沟心间作1行杂交高粱，4月10～20日育苗，5月15日左右移栽。

3. 主要指标　油菜满幅移栽，密度每公顷14万株左右；2行棉花，密度每公顷27万株左右；棉行两边各套花生2行，穴距25厘米，密度每公顷6万穴左右；高粱栽植于沟心，密度每公顷2万株左右，第二季再生。

4. 主要栽培技术 油菜合理密植，中后期控制水肥供应，确保5月10日前收获结束。棉花大钵育苗，加强苗床管理，培育好大壮苗，待油菜收割后抢墒板田移栽，并用4 000倍802液灌根防缓苗。花生应用钼酸铵拌种，抢墒板田直播，并及时投放鼠药，防田鼠为害缺窝；待棉花移栽后一起用精稳杀得或盖草能除草，要注意避开高粱使用。出苗后人工松土锄草1～3次。高粱移栽后用802液灌根促长，并于活棵后追施1次1%尿素。加强水肥管理。棉花结合802液灌根，可逐步追施一定尿素，及时搞好叶面喷肥保长。追肥应避开花生根区于棉行内进行，要求7月15日前一次性施足。花生出苗后可根外喷施磷酸二氢钾及多元素微肥。花期根据长势，必要时用缩节胺控制营养生长，促进其向生殖生长方面转化。高粱要加强苗期培肥管理，促使迅速搭起丰产架子。

农药要注意分作物施用。部分农药棉花、花生、高粱不可共用，如除草剂类精稳杀得、盖草能、二甲四氯以及杀虫剂敌百虫、敌敌畏等，以免产生药害影响其正常生长。

（十）棉花和花生间作

3月中旬地膜直播花生，每穴2～3粒。在90厘米宽的预留空幅中央，花生可单行穴播，穴距17厘米；也可双行穴播，穴距25厘米，行距33厘米。花生嫩荚于6月下旬陆续上市，7月上旬清茬。种植规格：既可在120厘米宽的宽行空幅中播种1行、2行、3行，行距35厘米；也可在宽行播3行的基础上，于60厘米的窄行中再播1行，穴距17厘米。7月上旬采收嫩荚上市并清茬。

每公顷花生鲜荚产量，单行1 800千克，双行2 700千克。靠近花生行的棉株，花生单、双行间无明显差异，但其植株性状均优于小麦套栽棉株；平均每公顷皮棉产量比小麦套栽的增产10%以上。每公顷综合产值比小麦套栽的增加5 000元以上。

(十一)棉花和大豆间作

3月下旬地膜直播大豆,在预留的90厘米宽棉花空幅中央播2行,行距30厘米、穴距25厘米,每穴播3粒。6月中旬开始采荚上市,7月初清茬。平均每公顷采收毛豆嫩荚2250千克。每公顷皮棉产量1170千克,虽然比小麦套栽的1240千克略有减产,但综合产值增加4600元。

(十二)棉花和蚕豆套种

垄宽360厘米。棉花5月下旬移栽,宽窄行种4行棉花,宽行100厘米,窄行80厘米。10月中旬在两个窄行中央套播1行蚕豆,每公顷2.25万穴左右。宽行一般不种蚕豆,便于农事操作。蚕豆选用大中粒品种。蚕豆一般采用点播,每穴2~3粒。蚕豆适当控制氮肥,增施磷、钾肥。基肥每公顷施300千克复合肥、225千克过磷酸钙和150千克氯化钾。开春后施尿素75千克/公顷,促进蚕豆返青;结荚期补施复合肥75千克/公顷,促进籽粒饱满有光泽。

棉花施足苗床基肥,适量施安家肥,重施花铃肥,普施盖顶肥。施纯氮总量达300千克/公顷以上,氮(N)、磷(P_2O_5)、钾(K_2O)比例为5:2:3。磷、钾肥以基施为主,盛蕾、初花期适当补施。氮肥分布为:苗床肥占10%,安家肥占15%,花铃肥占60%,盖顶肥占15%。

蚕豆营养生长十分旺盛,长到80厘米左右高时,适当摘心整枝,抑制生殖生长,每株留3~4个有效结荚果枝。

(十三)棉花—小麦—大蒜—菠菜四熟栽培

种植带宽160厘米,播4行蒜,套2行棉,蒜地内撒菠菜。秋分后160厘米一带内播4行麦,行距20厘米;栽4行蒜,行距20厘米、株距7厘米;蒜地内撒菠菜,每667米^{2}用种量4千克。中间两行蒜收蒜头,麦、蒜行距20厘米。4月中旬收两边行蒜苗后,于5

月上旬移栽棉花，宽行 100 厘米，窄行 60 厘米，每 667 米^2 3 000 株。大蒜、小麦收后加强棉花管理。一般每 667 米^2 产皮棉 75 千克，小麦 250 千克，大蒜 550 千克，菠菜 400 千克。

（十四）棉花—小麦—苞菜—菠菜四熟栽培

种植带宽 90 厘米，播 3 行小麦，套栽 1 行棉花、1 行苞菜，撒半幅菠菜。秋分后播 3 行小麦，50 厘米空内撒菠菜；翌年 3 月上旬菠菜收后移栽 1 行苞菜，株距 33 厘米；4 月底收苞菜后栽 1 行棉花。一般每 667 米^2 产皮棉 70 千克，小麦 230 千克，苞菜 850 千克，菠菜 500 千克。

（十五）棉花—小麦—西瓜—菠菜四熟栽培

种植带宽 180 厘米。播 4 行小麦，行距约 23 厘米；套 2 行棉花，宽窄行；栽 1 行西瓜。秋分每幅播 4 行小麦，其余 120 厘米空幅内撒菠菜；翌年 3 月中旬菠菜收后栽 1 行西瓜，株距 50 厘米，每 667 米^2 750 株，用地膜覆盖并搭小拱棚；5 月上旬在西瓜两侧各栽 1 行棉花，棉花距小麦 20 厘米，每 667 米^2 3 000 株。一般每 667 米^2 产皮棉 65 千克，小麦 200 千克，西瓜 2 000 千克，菠菜 400 千克。

思 考 题

1. 简述种植制度、间混套作的概念。
2. 间混套作的效益原理是什么？
3. 间套作的技术要点是什么？
4. 简述我国棉田熟制。
5. 棉田间作的主要模式及其特点有哪些？
6. 棉田套作的局限性及其解决方法是什么？
7. 棉田主要间作套种模式及其栽培技术有哪些？

第七章　棉花主要试验技术

一、棉花种子检验技术

（一）棉花种子纯度检验

棉花种子纯度检验包括种子真实性和品种纯度检验两个方面，前者是后者的前提。如果种子真实性有问题则品种纯度检验就毫无意义。

种子真实性是指一批种子所标称的品种与该品种相关文件（品种证书、标签等）所记载的特征特性是否相同，是否名副其实。品种纯度是指品种在典型特征特性方面一致的程度，通常用一批种子（或田块）中，符合本品种特征特性的种子数（或株数）占该批种子数（或株数）的百分数来表示。

种子收获后，收购、调运和播种之前均须进行品种真实性和纯度检验。种子纯度检验通常以田间（小区）鉴定为主，室内检验为辅。

1. 田间小区种植鉴定　田间小区种植鉴定是鉴定种子真实性和品种纯度最可靠、准确的方法。因为田间小区鉴定，可以根据植株在生育期间的各种特征、特性将不同品种加以鉴别，而且参照标准样品比较，提供了比较全面和系统的特征特性的现实性描述。我国对于杂交种的纯度鉴定多采用异地（如海南）种植鉴定，效果较好。具体做法如下。

（1）标准样品的收集　田间小区种植鉴定应有标准样品作对照。标准样品最好是育种家种子或原种。如鉴定的样品较多，每20个小区设一个标准样品为对照，每个样品种子不少于250克。

(2)田间小区设置　为使品种特征特性充分表现,试验设计和布局要选择气候环境条件适宜、土壤肥力均匀一致、无其他作物和杂草的田块。每个样品至少有2个重复。小区面积20米^{2}左右。

(3)种植密度和株数　试验设计的种植株数按国家颁布的种子质量标准而定。一般来说,若可能含杂株为1/N,即纯度标准为(N－1)×100%/N,则种植株数为4N即可获得满意结果。如纯度标准为99%,即1/100杂株(N＝100),则种植400株可满足要求。

(4)栽培管理　所有栽培管理措施要按照该标准品种说明书要求进行。

(5)小区鉴定方法　在棉花生长的整个生长期均可进行观察鉴定,并记载与对照样品的差异。至少在苗期、蕾期、花铃期和吐絮期各鉴定1次,必要时可增加鉴定次数。鉴定时将小区发现的异品种、异作物及异常植株数量记录下来,同时计数小区鉴定植株总数。若发现检验样品不是报验所述的品种,则应填报品种真实性不符。

(6)计算　公式如下:

品种纯度(%)＝本品种株数/供检总株数×100

异作物(%)＝异作物株数/供检总株数×100

病虫害感染(%)＝感染病虫株数/供检总株数×100

杂草(%)＝杂草株数/(供检总株数＋杂草株数)×100

2. 室内检验　品种纯度室内检验的方法有籽粒形态鉴定、幼苗鉴定、化学物理鉴定等。

(1)品种纯度检验测定程序　①称取棉花种子样品100克。②根据本品种特征特性进行纯度鉴定。③结果计算与表示。用种子或幼苗鉴定时,用本品种纯度百分率表示。计算公式如下:

品种纯度(%)＝[供检种子粒数(幼苗数)－异品种种子数(幼苗数)]/供检种子数(幼苗数)×100

(2)种子形态鉴定　这是最常用且简单易行的方法,不需要特殊设备,但须熟悉每个品种籽粒形态特征。其方法是从净种子中随机取样 400 粒,鉴定时需设重复,每个重复不超过 100 粒种子。根据种子形态鉴定,必要时可借助放大镜等逐粒观察,必须备有标准样品或鉴定图片和有关资料。

(二)种子净度分析

从种子包装袋中,抽取 100 克左右种子样品 3 份,分别称量,并记录实际重量(M)。将种子样品平放在桌面上,挑选出符合本品种特征的种子称重(M1),其余为杂质(本品种的种子以外的一切物质,包括其他品种种子,其他作物种子,杂草种子,沙粒,石子,砖块,泥土等)。计算公式如下:

种子净度(%)= M1/M × 100

(三)种子发芽势和发芽率

种子发芽率是指一定时间内,能够发芽的种子数占试验种子的百分率。发芽势是指发芽试验初期规定的天数内发芽种子的粒数占试验种子的百分率。发芽率高,表明有生命的种子多;发芽势高,表明种子生活力强,种子出苗整齐。

将已检验净度的种子随机数 4 份,每份 100 粒,将其排放在培养皿内经过消毒处理的发芽床上,在培养皿上贴好标签,标明品种名称、样品号数、发芽日期。放入恒温箱中,保持规定温度,注意通风换水,进行试验。种子发芽势、种子发芽率的计算公式如下:

种子发芽势(%)= 发芽 3 天内正常发芽种子数/供试种子粒数 × 100

种子发芽率(%)= 发芽 7 天内正常发芽种子数/供试种子粒数 × 100

发芽势和发芽率以 4 次重复的平均数表示,计算结果取整数。4 份结果的平均数之间的允许误差参见表 7-1。在 4 份结果中有 1

份超过允许误差的,以其余份重复计算平均数。如有 2 份超过的,则应重做发芽试验。如仍有 2 份超过,则应以 8 份试验结果平均计算。

表 7-1 发芽试验允许误差 (%)

平均发芽率	允许误差
95 以上	±2
91～95	±3
81～90	±4
71～80	±5

此外,评价种子发芽特性还可用其他指标。

发芽日数测定:测定发芽率达 90%所需日数。

发芽指数(GI)测定:计算公式如下:

$$发芽指数(GI)=\frac{Gt}{Dt}$$

式中,Gt 表示在不同时间(7 天)的发芽数,Dt 表示发芽日数。

GI 值与活力成正相关。

活力指数(VI)测定:计算公式如下:

$$活力指数(VI)=GI\times S$$

式中,S 表示一定时期内幼苗重量(克),GI 表示发芽指数。

平均发芽天数(平均日数)测定:计算公式如下:

$$平均发芽天数(日)=\frac{Gt\times Dt}{Gt}$$

式中,Gt、Dt 分别表示在不同时间(7 天)的发芽数和发芽天数。

测出种子净度和发芽率之后,就可计算出种子利用率和实际播种量。其计算公式如下:

$$种子利用率(\%)=净度(\%)\times发芽率(\%)$$

$$实际播种量(千克/公顷)=计划播种量/种子利用率(\%)$$

(四)种子含水量

种子含水量是指种子中所含水分的重量占种子总重量的百分率。种子含水量与种子安全贮藏关系密切。因此,种子入库前和贮藏期间都必须进行水分含量测定。

取净度检验后的部分种子磨碎,称出 2 份样品各 5 克,分别装入已经称重的铝盒内,放入 105℃烘箱中烘 1.5 小时,取出冷却后称重。然后再次放入烘箱中烘半小时,冷却称重,直至前后两次重量之差不超过 0.02 克为止。以最后一次重量计算含水量。两份样品的允许误差为 0.2%,如超过则应重做。其计算公式如下:

种子含水量(%)=(烘干前样品重－烘干后样品重)/烘干后样品重×100

(五)棉花衣分、籽指测定

1. 概　念

(1)棉花衣分　是指一定重量的籽棉中,皮棉重量所占的比例,用百分数(%)表示。

(2)棉花籽指　是指 100 粒棉籽的重量,用克表示。

(3)棉花衣指　是指 100 粒棉籽上纤维的重量,用克表示。

2. 测定方法　在籽棉样品中随机取样 3 份,称量每份样品 100 克左右,记录样品实际重量(M)。用皮辊轧花机对 3 个样品进行轧花,分别称量种子重量(M1)和皮棉重量(M2),并计数种子粒数(M3)。其计算公式如下:

棉花衣分(%)＝M2/M×100

棉花籽指(克)＝M1/M3×100

棉花衣指(克)＝M2/M3×100

如果 3 份样品计算的结果相差在 3%以内,则取三者的平均数。如果相差大于 3%,则需再取 1 份样,按照前述方法测定,计算出结果后再与前 3 个结果对比。如果相差小于 3%，则参与计算平均数，如此类推。原则是必须有相差小于 3%的 3 个结果进行平均。

二、棉花测产与考种技术

（一）棉花测产技术

棉花测产就是指在棉花全部收获入库之前，对棉花生长状况进行抽样调查，通过评价和计算一定的指标，以预测棉花的收获水平（产量），为棉花相关部门决策提供依据。

棉花皮棉产量的构成因素有 3 个：单位面积总铃数、单铃重和衣分。棉花产量就是这三者的乘积。其中单位面积总铃数，是单位面积株数（密度）和单株铃数的乘积。棉花测产就是调查、计算和分析这些因素的过程。可分为如下几步进行。

1. 调查规划

（1）*确定调查对象等级*　将一个单位或一个地区的棉花生长状况分等定级，并确定每一个等级所代表的面积、分布区域等。分等定级主要依据棉花生长现状，其标准是相对的，主要是为了便于分区调查，一般分为好（一类棉田）、中（二类棉田）、差（三类棉田）3 个等级。

（2）*确定调查点数量、位置和方法*　根据不同等级所占面积大小、地理分布，确定调查点的数量、位置以及调查取样方法。调查点的数量，要根据面积大小、人力物力、时间长短、距离远近、交通是否便利等情况确定。一般情况下，可按每 6.7 公顷（100 亩）设 1 个调查点来规划。每一个调查点，要调查取样 5 个样点。取样点的具体位置要根据地形而定，一般方形田块采用梅花形取样法，长方形田块采用 S 形取样法，不规则田块可把二者取样法结合起来。

(3)棉铃大小的确定和折算标准　凡直径大于2厘米的棉铃为大铃;凡直径小于2厘米的棉铃和所有红花都算做小铃。折算标准(系数),根据调查测产的时期不同而有所区别。秋桃调查时的折算标准为:大铃、吐絮铃折算系数为1;小铃、红花、烂铃折算系数为1/2,即2个小铃算1个大铃;白花折算系数为0.33,即3个白花折算为1个大铃。如果调查时间较早,大蕾也可统计在内,其折算系数为0.25,即4个大蕾算1个大铃。

(4)测产人员配备及器材准备　人员配备要根据对测产的精确度、时间性以及测产工作量而定。如果时间紧、要求高、任务重,应多配备人员;反之,可少配备人员。无论人员多少,测产时,一般要分成若干个小组进行,每个小组以3人为宜。

测产所需器材,以每个小组而论。某些常规器材是必需的,如软尺(总长50米左右,测定密度)、直尺(1~2米,测定株高)、尼龙网袋(收样品铃)、记录本、铅笔(圆珠笔)等。

(5)制作原始记录表　为节省时间、提高效率,可在实际测产之前,制作必要的调查记录表格,测产时只需要将各项调查测定数据填入表格(表7-2)即可。

表7-2　棉花测产记录表

<table>
<tr><td>地点</td><td colspan="2"></td><td colspan="2">调查日期</td><td colspan="1"></td><td>责任人</td><td></td></tr>
<tr><td>点号</td><td colspan="2"></td><td colspan="2">代表面积</td><td colspan="1"></td><td>类型</td><td></td></tr>
<tr><td colspan="3">株距(31~101株距离)</td><td></td><td colspan="3">行距(21~51行距离)</td><td></td></tr>
<tr><td>株号</td><td>絮桃</td><td>大桃</td><td>烂桃</td><td>小桃</td><td>红花</td><td>白花</td><td>大蕾</td></tr>
<tr><td>1</td><td></td><td></td><td></td><td></td><td></td><td></td><td></td></tr>
<tr><td>·
·
·
·
·
·</td><td></td><td></td><td></td><td></td><td></td><td></td><td></td></tr>
<tr><td>10</td><td></td><td></td><td></td><td></td><td></td><td></td><td></td></tr>
<tr><td>平均</td><td></td><td></td><td></td><td></td><td></td><td></td><td></td></tr>
</table>

2. 调查实施

(1)密度调查　用软尺连续量取 31 ~ 101 株的距离(S1),再连续量取 21 ~ 51 行的距离(S2)。计算平均株距、平均行距和平均密度的公式如下:

平均株距(米)(A) = S1/株数 - 1

平均行距(米)(B) = S2/行数 - 1

平均密度(株/公顷)(M) = 10 000/A × B

测量株距和行距时,需要量取的株数和行数,要根据田块形状、大小、以及种植行向而定。

(2)单株成铃数调查　连续选择 10 个单株,分别统计每个单株的大铃、烂铃、吐絮铃、小铃、白花、红花(以及蕾)数,计算单株成铃数。计算公式如下:

单株成铃数(个/株)(N) = 大铃数 + 吐絮铃数 + 1/2(烂铃数 + 小铃数 + 红花数) + 1/3 白花数(+ 1/4 蕾数)

(3)单铃重调查　有两种方法:一是采用该种植品种的品种资料所述的铃重;二是取样测定,每个取样点收取 100 铃的籽棉,晒干后称重(P),计算单铃重。计算公式如下:

单铃重(克)(H) = P/100/5

(4)衣分率测定　将测定铃重的籽棉样品,用皮辊轧花机轧花,称取皮棉(C)的重量,计算衣分率。计算公式如下:

衣分率(%)(G) = C/P × 100

(5)调查点皮棉产量(单产)计算　计算公式如下:

皮棉产量(千克/667 米^2) = M × N × H × G

(6)整个单位或地区棉花产量(总产)计算　计算公式如下:

棉花总产(千克) = (一类棉田平均单产 × 一类棉田所代表面积) + (二类棉田平均单产 × 二类棉田所代表面积) + (三类棉田平均单产 × 三类棉田所代表面积)

3. 测产调查报告　报告一般分为 4 个部分。

第一部分 整个调查测产的基本情况介绍。包括目的、地点、时间、组织、人员等情况。

第二部分 本次调查测产所使用的方法、标准介绍。包括分等定级方法、调查方法、取样方法、数据分析处理方法、结果评价方法等。

第三部分 调查测产结果与分析。包括不同类型棉田的产量结果、差异产生的原因(包括产量结构原因、生产管理原因、自然环境原因、生产资料原因、政策措施原因等)分析等。

第四部分 结语。根据测产结果,对有关部门(包括行政、收购、金融、运输、加工、仓储、农户等)下阶段的工作提出切实可行的建议。

(二)棉花考种技术

棉花考种主要是考察棉花种子特征、纤维特征,以了解不同品种、不同栽培管理措施、不同气候条件、不同生产地区等对棉花种子、纤维发育的影响,为棉花品种选育、栽培措施的制定和优化等提供依据。棉花考种主要包括以下内容。

1. 棉花衣分、衣指、籽指的测定 测定方法参见本章前述部分。

2. 纤维品质测定 包括纤维长度、纤维强度、纤维成熟度、纤维伸长率等指标。纤维品质测定一般由专业纤维品质检测部门进行,但如果检测样品很多,而且不需要非常准确,则也可自行测定其中的纤维长度。一般采用黑绒板法测定纤维长度。

取出一粒籽棉,将纤维从种子子脊向两边分开,一手握紧种子和纤维基部,另一手用梳子将种子一边的纤维梳理直。用同样方法将种子另一边的纤维梳理直。然后将梳理好的种子连同两侧的梳理直的纤维一同平放在黑绒板上,压平两侧纤维,用直尺量出从一侧纤维看不到黑绒板之处到另一侧纤维看不到黑绒板之处的长

度(E),计算纤维长度。其计算公式如下:

$$纤维长度(毫米)=1/2E$$

一般每个样品要测量10粒籽棉的纤维长度,取其平均值,为该样品的平均纤维长度。

三、田间试验基本知识

(一)田间试验设计

1. 田间试验的种类

(1)品种比较试验　包括选育新品种和引种试验。一品种为实验研究对象,在田间用对比试验的方法,评选鉴定出适应性、丰产性好的品种,提供大田生产应用。

(2)栽培试验　研究良种良法栽培措施配套的试验,如播种期、播种量和播种方式等。

(3)病虫草害防治试验　采用不同方法防治病虫杂草的试验,重点研究药剂种类、浓度、用量、施用时期和方法以及药械使用技术等。

(4)土壤肥料试验　研究各种土壤类型,施肥种类、数量、时期和方式方法以及改良低产田、平衡配方施肥技术等试验。

2. 田间试验的基本要求

(1)试验的目的性要明确　对现在的农业生产方面和科研方面要解决、探索的问题和预期效果要明确,要避免盲目性和随意的主观性。

(2)试验的条件要有代表性　对试验的生产条件和自然条件要有代表性,这对试验结果的推广区域有重要的作用。生产条件,如耕作制度、生产技术和生产水平等;自然条件,如土壤质地、类型、肥力、地形地势、灌溉和气候等。

(3)试验结果要有准确性和精确性　准确性指试验结果的指标如产量数据要真实，越真实越准确；精确性指在试验过程中受到各方面的不利因素要少，造成的试验误差要小，误差越小越精确。

(4)试验结果要有重演性　指某项试验结果，在类似条件下，进行多年的重复试验，使其在不同年份的表现要能获得类似的结果。推广这项试验就更有把握。

3. 常用田间试验设计方法

(1)顺序排列　此种设计是试验处理(包括对照)按同一顺序在各个重复中排列。顺序排列中常用的有对比法设计和间比法设计。

①对比法设计：其特点是，每个处理小区的邻近都有 1 个对照区，因为处理小区与对照区相邻种植，土壤条件等相近似，所以能进行产量等性状的比较，并且能较准确地确定该处理的优劣。试验处理数目、重复次数都少，小区面积较大的生产试验，适宜采用此法。

②间比法设计：其特点是，每个重复区内首尾小区为对照区，中间每隔 4 个或 9 个甚至 19 个处理小区设 1 个对照区，这样可以减少对照区。至于间隔几个处理小区设置对照区，主要取决于参试材料的多少。当试验处理数目较多，小区面积较小，考虑节省对照区和劳动力，一般采用此法。

(2)随机区组排列　其特点是，各个处理(包括对照)在一个重复中只有一个小区，各个处理在各个重复里所在位置是随机的，可用抽签办法或查随机表办法决定。随机区组设计的优点是可以获得试验误差的准确估计值，能合理估计试验误差，为试验结果的统计分析提供依据。

4. 田间观察记载　根据田间试验的种类，田间观察记载的内容或侧重点有所差异。但通常需要观察记载的项目如下。

(1)田间管理　记载各项田间管理工序，包括整地、播种、育苗、移栽、施肥、整枝、打顶、治虫、防病、中耕、除草、灌溉、收花、拔秆等全部管理过程。

(2)生育时期　记载棉花生长发育时期,如播种期、出苗期、移栽期、现蕾期、开花期、吐絮期等。

(3)长势长相　调查记载棉花不同生长发育时期的生长速度和形态特征,如主茎增长速度、叶片出生速度、现蕾进程、主茎红绿比、株高、叶片数、三桃状况等。

(4)产量品质　棉花产量统计分为理论产量和实际产量两种。理论产量用9月15日(秋桃)调查结果计算,实际产量为每次收花晒干称重后的累积数量,最后将小区产量折算为单位面积(公顷)产量。棉花品质一般送交专业部门进行检测,但棉花纤维长度可采用手扯法进行简易测定。理论产量、小区实际产量和实际产量的计算公式如下:

理论产量(千克/公顷)=每公顷总铃数(个/公顷)×单铃重(克)×衣分(%)

小区实际产量(千克/小区)=第一次收花重量(千克)+…+最后一次收花重量(千克)

实际产量(千克/公顷)=小区平均产量(千克)/小区面积(米^2)×10 000米^2

(二)试验结果的统计分析

不同的试验设计采用不同的统计分析方法,对试验结果进行统计分析。具体方法可参见有关田间试验设计和统计方法的书籍。

(三)试验总结

1. 总结的内容　包括课题名称、试验目的意义、参试材料和对照、试验设计、田间耕作栽培技术、试验结果的统计分析和讨论意见等方面内容的试验总结，形成书面报告。

2. 试验总结方法和注意事项　有以下4点。

第一，总结以前，要对试验中收集的全部资料进行检查、核实，如果发现数据中有不合逻辑现象的，换算有误的，要予以去除或矫正。数据值的单位和精确度要一致。

第二，编制各种表格时，以开式表格为宜，表题目、纵行和横行栏目力求简明扼要，尽量减少可有可无的栏目和线条。

第三，统计分析方法要与试验的田间排列方法相对应，才能得出比较确切的结论。

第四，书面总结的文字，应力求精炼，语言通顺，条理清晰，问题明确，结论确切，重点突出和具体。

思考题

1. 棉花种子纯度、净度是指什么？如何检测？

2. 棉花种子发芽特性是什么？如何测定棉花种子的发芽率和发芽势？

3. 棉花衣分、衣指、籽指是指什么？如何测定？

4. 棉花测产有哪些步骤和方法？

5. 棉花田间试验的种类和基本要求有哪些？

6. 棉花常用田间试验设计方法有哪些？

7. 棉花田间试验观察记载项目有哪些？

参 考 文 献

1.全国农业区划委员会编著．中国农业自然资源和农业区划．北京:农业出版社,1991

2.中国农业科学院棉花研究所主编．中国棉花栽培学．上海:上海科学技术出版社,1983

3.上海市农业科学院编著．棉花的生长和组织解剖．上海:上海科学技术出版社,1988

4.李整理著．棉花形态学．北京:科学出版社,1979

5.陈布圣主编．棉花栽培生理．北京:中国农业出版社,1994

6.刁操铨主编．作物栽培学各论．北京:中国农业出版社,1994

7.孙济中主编．棉作学．北京:中国农业出版社,1999